图解版 奇异大探索系列
TU JIE BAN QI YI DA TAN SUO XI LIE

奇趣科技

腾翔/编著

CFP 中国电影出版社

图书在版编目（CIP）数据

奇趣科技/腾翔编著. -- 北京 ：中国电影出版社，2014.2
(图解版奇异大探索系列)
ISBN 978-7-106-03826-7

Ⅰ. ①奇… Ⅱ. ①腾… Ⅲ. ①科学技术—少儿读物 Ⅳ. ①N49

中国版本图书馆CIP数据核字（2013）第307323号

责任编辑 刘 刚 纵华跃
策 划 人 于秀娟
责任印制 庞敬峰
设计制作 北京腾翔文化
图片授权 北京全景视觉网络科技有限公司
北京图为媒网络科技有限公司

图解版奇异大探索系列

奇趣科技

腾翔/编著

出版发行 中国电影出版社（北京北三环东路22号） 邮编100013
电话：64296664（总编室） 64216278（发行部）
64296742（读者服务部） E-mail：cfpygb@126.com
经 销 新华书店
印 制 北京睿特印刷大兴一分厂
版 次 2014年2月第1版 2014年2月第1次印刷
规 格 开本/787毫米×1092毫米 1/16 印张/10

书 号 ISBN 978-7-106-03826-7/N·0005
定 价 19.50元

前言

这是一个精彩纷呈的世界，浩瀚的宇宙引人遐思，壮观的山河震撼心灵，娇艳的花朵点缀着自然的每一个角落，可爱的动物又让人类不再孤单，而我们的孩子则无忧无虑地生活在这个五彩缤纷的世界上，呼吸着新鲜的空气，享受着科技带来的便利，与动物为伴，在歌声中快乐地成长。

然而，孩子们的小脑瓜可是不会闲着的。伴随着年龄的增长，他们脑子里的疑问也会越来越多：宇宙是什么样子的？地球上的山河是怎么形成的？千奇百怪的动物是怎么生活的？谁创造了艺术，又是谁把它发扬光大呢？

为了解决孩子们的疑问，同时也为了开拓他们的视野，增长知识，我们特意编写了这套《图解版奇异大探索系列》，将孩子们最想知道的知识编入《奇幻自然》《奇妙生物》《奇趣科技》《奇观异俗》《奇彩文化》《奇绚艺术》《奇瀚宇宙》《奇奥恐龙》等八本书中，用大量精美绝伦的图片和简洁生动的文字，为他们打开通往知识世界的大门，插上通往理想天空的翅膀，任其自由徜徉在科学的海洋。

由于时间仓促，编写疏漏之处，敬请指正。

编者

奇趣科技

目录

基础科学像是一门特殊的语言，述说着科技王国里的奥妙；它又像是坚固的支架，构筑起科技文明的大厦。它解释物质、运动、结构、数形等最一般的规律，在人们的生产、生活之中时时刻刻都离不开它。

奇趣科技

基 础 科 学

数学王国

数学的摇篮

数量和形状是事物最基本的性质，也是人们认识事物的开始。研究现实世界的空间形式和数量关系的科学，就是数学。可以说，数学就像空气一样，无处不在。

数学最初是从结绳记事开始的。在300万年前的原始时代，人们以采集野果、围猎野兽为生，为了表示劳动成果的数量和对它进行分配，就逐渐产生了数的概念，并且用绳子打结、木棍、石子等来表示数目。

▲ 这是刻画在仰韶文化陶器上的一些象形符号。据分析，这些符号表示数字，如“x”为五、“∧”为六等

古埃及早在五六千年前就在历法、土地测量上运用了数学，在伊拉克境内发现的大量古巴比伦泥板上，刻着很多关于数学知识的楔形文字，其中有许多计算方法和帮助计算的各种数表。印度在公元前3世纪，就出现了记数符号，后来还用负数表示欠债和反方向，会解一次与二次方程，尤其对三角学的贡献很大。中国则是十进制的故乡和二进制的发源地。

2000多年前的希腊人继承了这些数学知识，使其发展成为一门系统的科学。希腊文明被毁灭后，阿拉伯人保存了他们的文化，又传至欧洲，并最终导致了近代数学的创立。

数字大家族

各种不同的数，都具有自己的意义，它们共同组成了数字大家族。首先是我们曾扳着手指头学会的正整数，即1，2，3，4……

负数概念在中国西汉时期萌芽，并出现在公元1世纪的《九章算术》中。分数最早出现在4000多年前的古埃及纸草书中。“0”是很有用的数字，但直到6世纪时在印度才使用了“0”，中国古代为避免定位错误，只是用“口”表示空位。

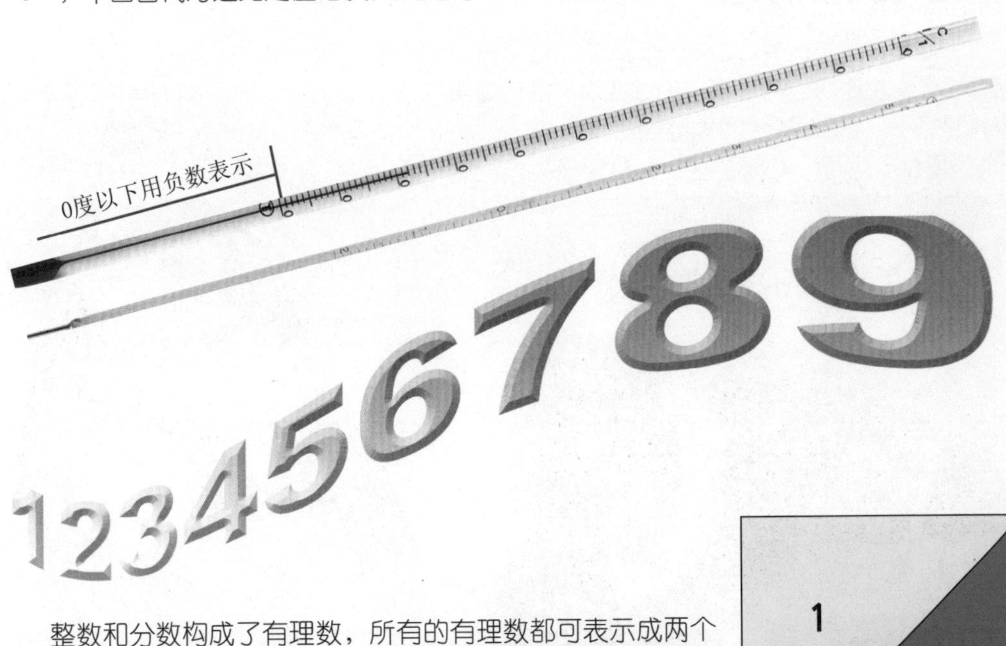

整数和分数构成了有理数，所有的有理数都可表示成两个整数之比。和有理数相对应的是无理数，无理数是不能用两个整数之比来表示的，比如正方形对角线的长度。有理数与无理数合称为实数。与实数对应的是虚数。除此之外，还有新的数，比如四元数、各种超复数等。随着数学的发展，数字家族将不断增加新的成员。

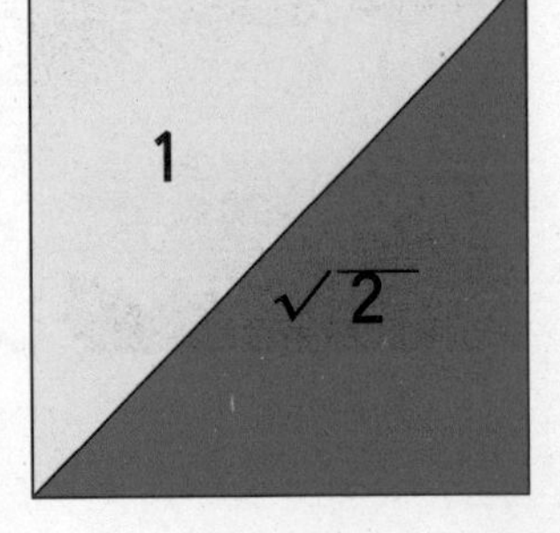

▲ 无理数

祖冲之与圆周率

祖冲之，南北朝时期人，我国杰出的数学家。他在数学上的成就是关于圆周率的计算。祖冲之在前人成就的基础上，经过刻苦钻研，反复演算，求出π在3.1415926与3.1415927之间。西方人在1000多年以后，才获得这样精确的π值。

祖冲之还得出了π分数形式的近似值，取22/7为约率，取355/133为密率，其中355/133取六位小数是3.141929，它是分子分母在1000以内最接近π值的分数。

哥德巴赫猜想

哥德巴赫猜想是数论中著名的数学问题之一。由德国数学家哥德巴赫在1742年给数学家欧拉的信中首次提出。哥德巴赫猜想可以描述为：任一“大于2的偶数都是两个素数之和”。哥德巴赫自己无法证明它，欧拉终生也无法证明。

▼ 陈景润在研究哥德巴赫猜想

▲ 陈景润对哥德巴赫猜想的研究已经接近顶峰

二三百年过去了，很多数学家，如俄罗斯数学家维诺格拉道夫，中国数学家王元、潘承洞、 陈景润等人做了大量的工作，把猜想的证明向前推进了一大步。特别是陈景润的结论，被认为是目前最好的结果，这就是有名的“陈氏定理”，也是中国数学界的骄傲。

数学家的墓志铭

代数学之父、古希腊数学家丢番图的墓碑上，刻着这样一首诗：

他一生的六分之一时光，

是童年时代；

又度过了十二分之一的岁月后，

他满脸长出了胡须；

再过七分之一的年月时，

举行了花烛盛典；

婚后五年，

得一贵子。

可是不幸的孩子，

他仅仅活了父亲的半生时光，

就离开了人间。

从此，作为父亲的丢番图，

在悲伤中度过四年后，

结束了自己的一生。

这个墓志铭其实是一个方程式，代表数学家的生平，又是对数学家最好的纪念。假定数学家的寿命是x岁，则：

$$x=\frac{1}{6}x+\frac{1}{12}x+\frac{1}{7}x+5+\frac{1}{2}x+4$$

得出X=84，即丢番图终生84岁，儿子42岁死去。

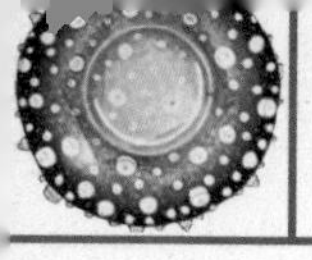

铺地面砖的学问

铺地面用的地砖或者马赛克一般都是正方形或者其他正多边形的，这简单的工艺包含着有趣的几何问题，要把它们紧密地拼接在一块，必须使各砖凑到一块的各角之和是360°，否则将会出现裂口或露缝的现象。我们先把几个简单的正多边形的内角排列出来：

正多边形边数	3	4	5	6	8	9	10	12
每个角的度数	60°	90°	108°	120°	135°	140°	144°	150°

如果只许用一种形状的地砖，便只有用正三角形、正四边形和正六边形。为了图案美观，一般采用正四边形或正六边形。如果用不同的几种正多边形，必须保证各角之和为360°，下面表中列出的是其中几种情形。

▼ 每种搭配会因排列次序的不同而形成不同的花纹

正多边形		3	4	5	6	8	10	
多边形的个数	第一种	1						2
	第二种		1			2		
	第三种			2			1	
	第四种	1	2		1			
	第五种	1			1			1

简单实用的圆

在人类的生产活动和日常生活中，处处都能见到圆形的东西。圆除了给人以视觉上的美感之外，还具很多优良而实用的性质。

车轮是圆形的，只要路面平整，车子便不会上下颠簸，行驶快捷，如果轮子是方形的，那么人坐在上面滋味肯定不好受。由于用同样长度的材料制做物品，利用圆形做出的面积最大，于是人们便把粮仓、杯子、瓶、水桶等都做成圆形的，以便更大限度地利用。人们还发现，圆柱体的构造一般更结实、更耐冲击，电线杆、烟囱、灯塔，甚至很多摩天大楼都是圆柱体的，就体现着这样的道理。

圆还有许多重要的性质和应用，因此人们认为圆是简单而又实用的形体。

奇妙的组合：数字幻方

数字幻方是纵、横两种方向排列的一组数字，并且它的行、列与对角线上的各数之和相等。最早的幻方记载在中国春秋时期的《易经》中，被称作“洛书”。

4	9	2
3	5	7
8	1	6

九宫图幻方

西方比中国迟600多年。中世纪的人对幻方有神秘的观念，认为它是一种“神数”，认为幻方可以消灾防凶。

实际上幻方是数学的重要分支——组合学研究的一个问题。幻方就是把1，2，3，……，n^2排成一个n行n列的方阵，使方阵中的每行、每列以及两条对角线上的数字之和相等，用“S”表示，称作“n阶幻方”，S为幻和。

在n阶幻方中，所有整数之和为：

$$1+2+3+\cdots+N=\frac{N^2(1+N^2)}{2}$$

这是等差数列求和，其幻和 $S=\frac{N(1+N^2)}{2}$

现在世界上最大的幻方是由美国一名13岁少年完成的105阶幻方。

最早见于记载的四阶幻方，是在印度11世纪一座碑文上发现的，它的幻和为34，如图：

7	12	1	14
2	13	8	11
16	3	10	5
9	6	15	4

▲ 印度11世纪幻方图

地图着色问题——四色猜想

一张地图上一般都涂有各种不同的颜色，以便把相邻的地域区分开来，但是要绘制一张地图，至少需要几种不同的颜色，才能把所有的地区区分开呢？1852年英国一位绘图员在给地图涂色时发现：只需要4种颜色就够了。1878年英国数学家凯莱把这个问题公开报告给伦敦数学会，起名“四色问题”，并征求证明。

100多年来，数学家们一直在研究四色问题。1890年，一位叫赫伍德的数学家成功地证明了平面地图只需5种颜色便足够了。1976年9月，美国传来振奋人心的消息：美国伊利诺斯大学的阿佩尔和哈肯，利用计算机花了1200个小时，证明了四色问题。但是用一般的演绎方法证明了四色问题，仍然是一个没有办法解决的难题。

永恒的运动

自然界中绝对不动的物体是不存在的，只是有些物体运动现象十分细微而缓慢。天上的星星、地上的高山和河流、微观世界的粒子、衣柜里的卫生球等，它们都在运动，在这些运动中包括力的现象、冷和热的现象、光的现象、电磁现象等，都是物质运动的表现形式。物理学就是研究物质运动一般规律的科学，它和人们的生产与生活有着密切的关系。

物体位置发生变化的运动叫作机械运动，包含三种基本形式：平动、转动和振动。现实中的许多物体是同时参与这三种运动的。

以行驶中的汽车为例，车体向前的行驶为平动，车轮的运动叫转动，车子在路上产生的颠簸叫振动。表面上有很多物体只具有一种运动，如木工刨子运动是平动，钟表指针的运动是转动，秋千的运动是振动等。

力的世界

力在自然界和生产生活之中是非常普遍的，如果没有力的存在，将不会有我们丰富多彩的现实世界。根据力的作用与性质的不同，力可以分成很多种类。

地球对在它上面的物体有一种向下的拉力叫作重力。树上的果实、飞行中的飞机、所有建筑物和我们人类周围所有的物体都受到重力的作用。

相互接触的物体在接触面上发生阻碍相对运动的力叫作摩擦力。摩擦力可以分为静摩擦力、滑动摩擦力、滚动摩擦力三种。力的种类复杂多样，它能给我们带来便利，也能给我们制造麻烦。

牛顿根据树上的苹果落到地面上得出了万有引力定律。任何两个物体之间都具有引力，物体的质量越大，距离越短，它们之间的万有引力就越大。我们之所以感觉不出周围物体对我们的吸引力，这是因为质量太小的缘故，使我们无法觉察出这种微乎其微的吸引力，但它是客观存在的。

◀ 水产生的浮力，使游泳圈漂在水面上

飘浮在水里或气体中的物体都受到液体或气体的浮力。水面上的树叶受到水的浮力，空中的飞机受到空气的浮力等，它们与阿基米德定律有关，物体的体积愈大，气体或者液体的密度愈大，所产生的浮力便愈大。

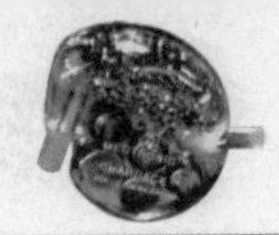

共振造成的灾难

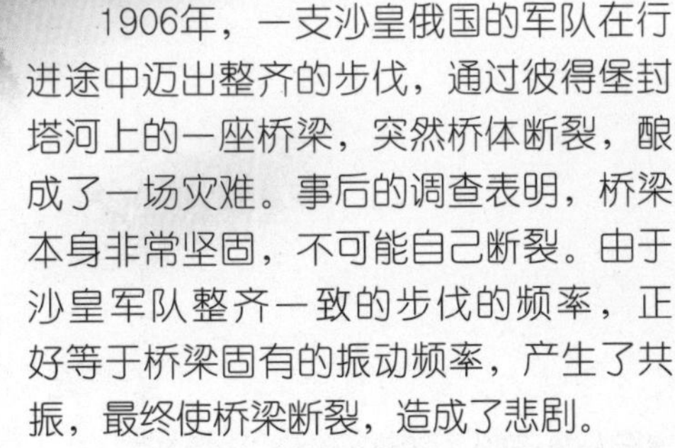

1906年，一支沙皇俄国的军队在行进途中迈出整齐的步伐，通过彼得堡封塔河上的一座桥梁，突然桥体断裂，酿成了一场灾难。事后的调查表明，桥梁本身非常坚固，不可能自己断裂。由于沙皇军队整齐一致的步伐的频率，正好等于桥梁固有的振动频率，产生了共振，最终使桥梁断裂，造成了悲剧。

为了避免共振带来的恶果，世界各国都规定：大队人马过桥时，要走便步。建筑铁路桥时，要考虑到火车振动的频率，登山运动员禁止高声说话，避免由于空气的振动引起雪层共振而产生雪崩。

共振不只给人们带来不便，也给人们带来很多帮助。我们之所以能听到声音，便是因为人的耳朵里都有精妙的共振系统，地震仪也是根据机械振动原理制成的。

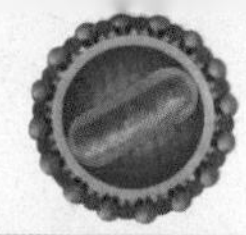

神奇的超声与次声

物体每秒钟振动的次数称为频率，单位是赫兹。人耳可以听到的声波频率在20赫兹～2万赫兹之间。2万赫兹以上的声波称为超声，20赫兹以下的声波叫作次声。超声与次声都是人耳分辨不出来的声波。

超声具有方向性好、穿透力强等特点，可用于测距、测速、焊接、凿孔、清洗、消毒等。我们比较熟悉的医院中常用的超声检查，就是把超声波射入人体，根据人体组织对超声波的传导和反射能力的变化来判断人体器官是否有病。

次声时刻都在我们身边，机器的运转、地震与雷电、物体爆炸等都能产生次声。次声会对人体造成危害，人听久了，会产生恶心、视觉模糊、四肢麻木等症状。但次声也是人们对地震、台风、爆炸等进行监测的有效手段。

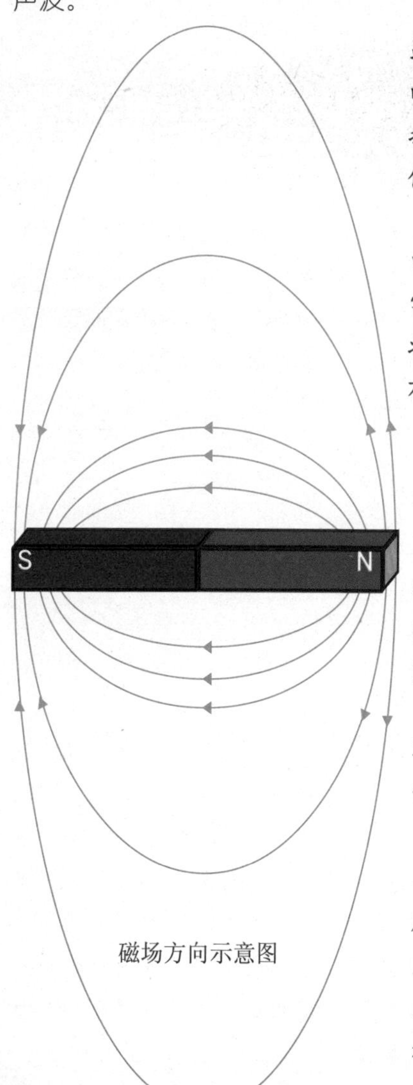

磁场方向示意图

看不见的电场与磁场

科学研究表明，带电物体或者磁体周围空间与别的物体周围不相同，它们存在一种特殊的介质，即电场和磁场，带电体或磁体之间的相互作用就是通过电场或磁场进行的。

电场与磁场都是客观存在的特殊物质形态，它们看不见、摸不着，只有在跟电荷或磁体发生吸引或排斥的作用时，才表现出各自的特性。

正如我们知道的电产生磁、磁产生电一样，电场与磁场的关系十分紧密，因此人们经常将它们合称为电磁场。电动机和发电机的原理就是根据电场、磁场的相互作用而创立的。人们对电磁场的研究导致了电磁波的发现，电磁波可以独立存在，并以光的速度传播，收音机里的声音和电视机里的图像，都是由远方发射塔发射的电磁波转化而来的。

变化多端的 物态

人们一般从物质的宏观状态来认识物质。固态、液态、气态，即物质的三态。水的三种状态是冰、液态水、水蒸气。

由于物质是由分子构成的，在不同的温度和压强下，物质分子的运动和相互作用不同，呈现出不同的物态。

有些物质内部分子或原子以规则、对称、周期性的结构状态出现，叫作结晶态。还有一些物质，既有液体的流动性，又有晶体光学特性，介于液态和晶体之间，叫作液晶态。物体直接从固态变成气态的过程叫作升华。相反，物质从气态直接变成液态叫作凝华。

▲ 水的固态形式

如临实境的 立体电影

立体电影能让人产生逼真的、身临其境的感觉，这是因为立体电影运用了光的偏振原理。19世纪初，法国科学马吕斯在巴黎发现了经冰河石后产生了偏振现象的光。科学家根据光波的性质和偏振，设计出奇妙的立体电影。

立体电影在拍摄和放映时都有特制的双镜头设备，来模拟人的双眼的观察角度同时拍摄两部稍有差异的影片。从立体电影放映机射出的是两束不同振动方向的偏振光。观众需要戴上特制的眼镜，两个眼镜片各吸收一束偏振光。这样就能从屏幕上看到两副互相配合的影像，分别从左右两眼输入大脑，使人产生立体感。

微观探索——基本粒子

如果把一个物体无限地分割下去，将会怎样？能不能找到组成物质的最基本的粒子？科学家首先发现物体都是由很小的分子和更小的原子构成，原子又是由中子、质子和电子构成。人们一度认为质子、中子、电子及光子是构成物质的基本粒子。但是随着实验技术的提高，科学家又发现一大批新的基本粒子，如今基本粒子已经是拥有300多个成员的大家族了。有的质量是电子的6000多倍，而有的却没有静止质量，有的几乎可以永久存在，有的还不到亿亿分之一秒。这又给科学出了一个难题：为什么会有这么多不同的基本粒子呢？

有的科学家设想把这些不同的粒子分成几个家族，以分清它们内在的规律和性质，甚至还有人设想列出一个像元素周期表的表格。根据这样的思路，科学家进一步假设：认为基本粒子是由三个或一对更基本的粒子组成的体系，称之为“夸克”，这已经用来解释许多实验事实。

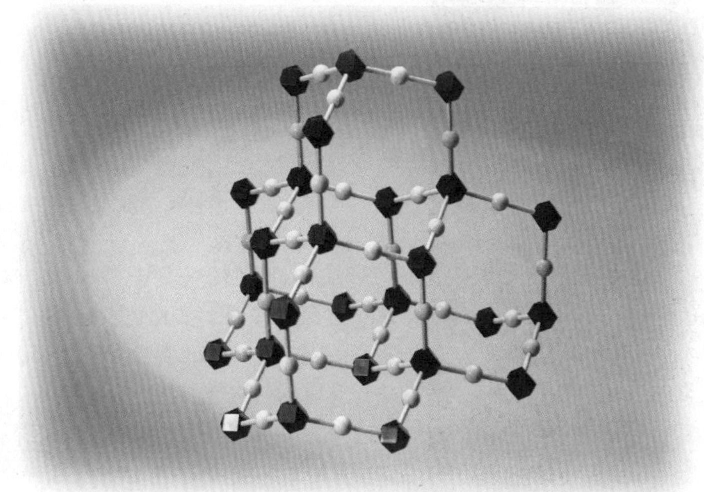

物理学新领域——相对论

相对论是阐述关于物质运动和时间空间关系的理论，在20世纪初由爱因斯坦建立和发展起来的。在此之前人们根据经典时空观来解释光的传播等问题，产生了一些新矛盾。爱因斯坦根据这些问题，建立了新的时空观和可与光速比拟的高速物体的运动规律，对后来物理学的发展具有深远的影响。

相对论分为两部分：狭义相对论和广义相对论。狭义相对论是相对性原理和光速不变原理；广义相对论是广义相对性原理和等价原理。

按照上述理论，万有引力的产生是由于物质的存在和一定的分布状况使时间空间性质变得不均匀，即时空弯曲，并由此建立了引力场理论。而狭义相对论是广义相对论在引力场很弱时的特殊情况。

化学世界

形形色色的物质世界

自然界的物质时时刻刻都发生着变化，我们把物质的组成、性质和特征都改变了的物质的变化称为化学变化。而仅仅是物理性质产生变化的为物理变化。像绿叶变黄、铁生锈、铜在硝酸中溶解、汽油燃烧等都属于化学变化。

大千世界所有的物体都是由物质构成的，而物质又是千姿百态的，按照科学分类，产生下面的图表：

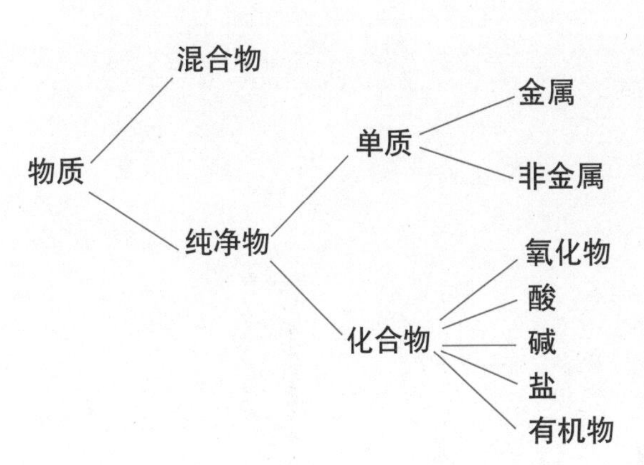

每个化学变化都会产生新的物质，有些是我们需要的，有些是不需要的。例如：从原油的裂解中可以得到各种烯烃类有机物，再经过化学反应，制成塑料、合成纤维、药物等上千上万种 化学制品，丰富了人们的生活。

但是好多化学变化带来很多副作用，造成了环境污染，损害人类的健康，比如化学变化产生的二氧化硫、一氧化碳、氮氧化物等。化学变化应该产生更多的有利于人类的化学产品，减少有害的副产品和废物。

元素的孪生兄弟——同位素

在化学元素的族谱——元素周期表中的第一格里有氢元素的“三兄弟”。老大叫氚，有两个中子；老二叫氘，有一个中子；老三叫氕，没有中子，通常又叫氢。“三兄弟”都具有一个质子，谁带的中子数越多谁就越重。

氢的同位素氕，能燃烧，能和很多金属或非金属直接化合，液态氕是高能燃料。氘、氚化学活泼性较差。但人工加速氚原子核，能使它参与许多核反应，放出巨大的能量，所以氚是一种未来的能源。元素周期表中其他元素都有类似的情况，这些质子数相同而中子不等的元素互称为同位素。有的同位素很多，如锡有10个同位素，还有一类是人造的，叫人工放射性同位素。每种元素的同位素都有特殊的性质，特别是某些放射性同位素，能不断地放出能量。化学元素总共有2000多种同位素，如果能够充分利用这些同位素，将会给人类带来无穷的利益。

探知星球元素的 光谱分析术

1854年,德国人本生发明一种温度达2300℃的瓦斯灯，这种火焰没有颜色的灯，后来叫作“本生灯”。本生发现不同的物质放在这种火焰里发出不同的颜色，比如铜使火焰变蓝绿色，玻璃使火焰变成黄色。在朋友霍夫的提示和帮助下，本生做成了第一台光谱分析仪——分光镜，并发现了钠的黄线、钾的紫线、锶的蓝线、锂的红线等谱线。只要找到某种元素在白热蒸汽里发出的光，就能知道它是什么元素。本生和霍夫又从太阳光里查出了好多种元素。

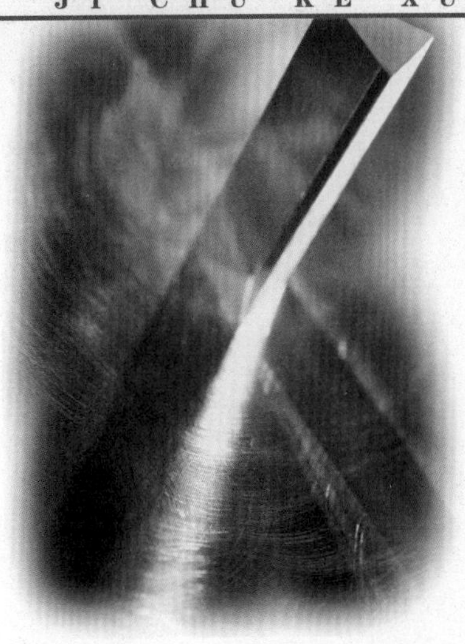

▲ 光透过三棱镜折射出的光谱

光谱分析技术产生后，科学家们具有一双特殊的“眼睛”，遥远太空中的星球上的元素也能被他们“看”出来了。

美化城市的 霓虹灯

五光十色的霓虹灯，点缀着城市的夜空。这种缤纷灿烂色彩的形成，要归功于充在灯管里的“惰性气体”。氦、氖、氩、氙等气体都称为惰性气体，这些气体在通常情况下化学性质都很稳定，不易产生化学反应，因此被称为惰性气体，而且它们在空气中的含量也很少，又称为“稀有气体”。

不同的惰性气体在灯管里会发出不同颜色的光芒，人们再添加一些其他的物质，便制出了五颜六色的霓虹灯。例如充入氩气时，灯管会发出浅蓝色的光，如果再加上汞蒸汽，灯管涂上蓝色荧光粉，这时灯管将会发出蓝宝石那样的蓝光，如果在涂有绿荧光粉的灯管中充入氖气，就会得到鲜艳的橘红色光。

生命的精灵——核酸

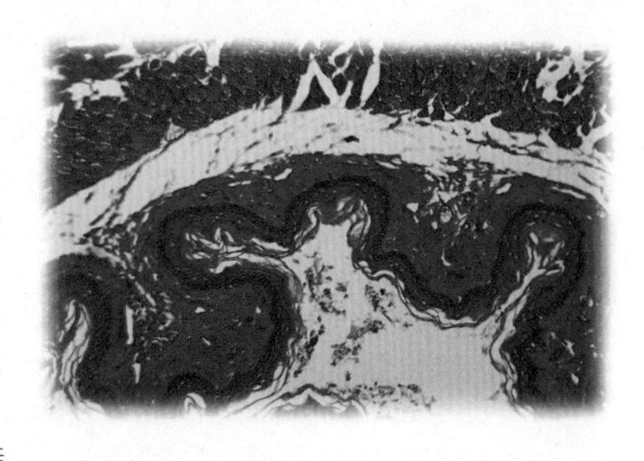

地球上的生命千姿百态，从植物到动物，到微生物，还有人类，所有这些生命的奥妙都在核酸上。可以说，没有核酸，便没有生命。核酸有两大类：脱氧核糖核酸和核糖核酸。核酸非常微小，它的重量只有二十万亿分之一个鸡蛋那样重，2500个脱氧核糖核酸拼在一块，才有一根头发那样粗。

脱氧核糖核酸的分子像一架向右旋转的螺旋形的梯子，两边是脱氧核糖与磷酸连结起来，中间的阶梯是由氢键连结的一对对碱基。核糖核酸只有半边“梯子”，没有“扶手”的一边长出一对对碱基与它配对。

我们知道，生命的基础是蛋白质，而核酸是复制蛋白质的精灵。在生物世界里，脱氧核糖核酸携带着各种各样的遗传密码，它把遗传信息传递给核糖核酸。核糖核酸根据遗传信息把各种氨基酸送到适当的位置上，排列成链，然后脱离核酸表面，构成某种蛋白质。空出的核酸又为制造新的蛋白质作准备，这样周而复始，同一种蛋白质不断地制造出来，上一代物种的性状特征，便被保留和遗传下去。

变色玻璃与变色镜

20世纪40年代，科学家们发明了变色玻璃，它能够随着周围光线的强弱，自动改变颜色。开始的时候，变色玻璃感应很慢，从透明变成黑暗需要三分钟，而从黑暗到无色透明状态，要长达一小时之久。现在的变色玻璃能在数十秒钟之内完成变化。

人们根据变色玻璃制造了变色眼镜，其中的奥妙就是在玻璃中加入许多卤化银(如氯银、溴化银、碘化银)的微晶体，一立方厘米的空间中大约有一千万亿个。当某个波光的强光照到变色镜上时，卤化银受到玻璃中的另一成分氧化铜的催化作用，银便被分化出来。银原子具有吸收光的特性，于是镜片便暗下来。光照结束后，银又恢复到原来状态，镜片便褪色。另外，变色玻璃还可以加工成照相机的镜头，这种镜头可以自动控制进光量，省去调节光圈的麻烦 。

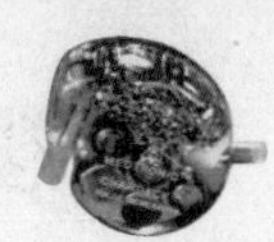

厨房里的化学

人们最先使用的是铁锅，自从铝出世后，铝锅代替了铁锅。虽然铝锅传热快，节省能源，但是铝锅最怕和酸、碱、盐接触，因为这时一部分就会被腐蚀，跟菜一起进入人体，对人体形成危害。铁锅就可以避免铝的危害，而且会产生对人体有益的铁质。铁是对人体很重要的微量元素。

制作味精有两种方法

味精的学名叫谷氨酸钠，它使菜肴具有鲜味。一是水解法，用盐酸等化学物质把谷氨酸从蛋白质的大分子里“拉出来”，再用碱来中和就得到谷氨酸钠；二是发酵法，用淀粉、糖、氮肥等营养物质作原料，利用微生物发酵制造谷氨酸。

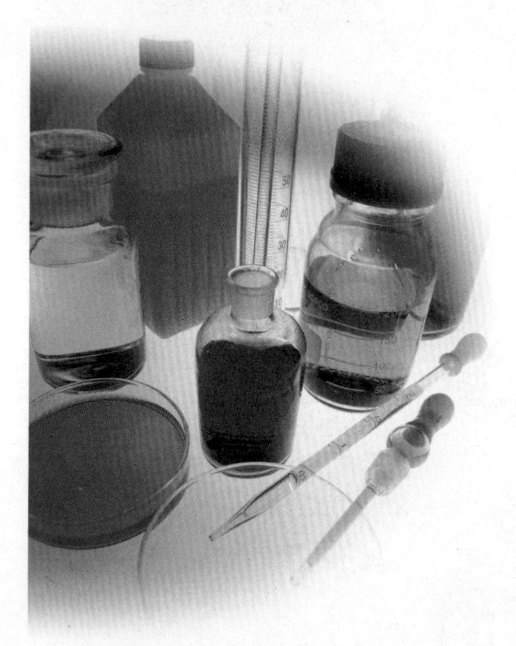

神奇的化学指示剂

在盐酸中加入氢氧化钠溶液，溶液里的pH值会发生急剧的变化。化学指示剂能够按照溶液里pH值的变化情况而显示不同的颜色。用于酸碱滴定的指示剂叫酸碱指示剂，如酚酞、甲基橙等。

指示剂的应用，要根据不同的化学反应而确定。如氧化反应的判断，要用二苯胺、溴甲酚蓝等氧化还原指示剂；综合反应中要用邻苯二酚紫等金属指示剂，它能测定钍、铋、铜等金属离子。另外还有应用于沉淀分析法中的吸附指示剂，如荧光黄、溴汾蓝等。

指示剂的应用很广泛，在生产过程中，有时要知道加入的原材料是否适量、化学反应是否完全结束、生产出的产品质量如何等，都需要指示剂来作判断。

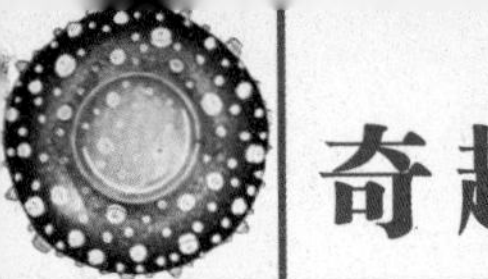

奇妙的化学“建筑”——晶体与有机分子

在我们常见的金属里，每一种金属都好像有各自的“性格”。有的金属容易变形，有的金属相当坚硬等，各种金属的“性格”便是由它本身的晶体结构决定的。晶体结构形式多样，有类似立方体的，有类似锥体的，也有类似多边柱体的，这些晶体结构很大程度上决定着物质的物理特性和化学特性。

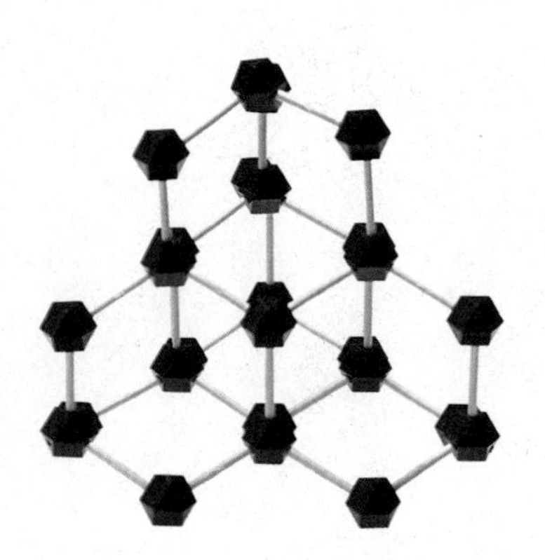

▲ 晶体的分子结构模型

▲ 十面体晶体外形

弄清有机物质的分子结构具有很大的意义，它使物质世界发生了一场革命。在150年前，人们需要的染料，只能从生物中提取。后来煤焦油发现了，化学家使用有机合成的方法制造出了比旧染料性能更优良的新产品。有机高分子物质的合成，有着迷人的前景，目前人类已经能够制造出比棉花更好的合成纤维、比钢铁还硬的合成塑料、比天然橡胶还好的合成橡胶。科学家们正准备合成像淀粉、蛋白质一类的高分子物质，打开人造食品的大门。

▲ 非晶体的分子结构模型

现代科技给古老的农业注入了新鲜的活力。从看不见的细胞、基因，到宏观的经营方式、农业生态，科学家们都孜孜以求，寻找农业高产高效高质的道路。

我们赖以生存的星球绝大部分被蓝色的海洋覆盖，海洋是一个巨大的资源宝库，它不仅给人类提供了“渔盐之利，舟楫之便”，还吸引着科学家们将目光投向这个资源宝库的开发上来。

奇趣科技

农业与海洋科技

农业科技

最宝贵的基础——土壤

土壤是指处于地球陆地表层，能够生长植物并具有肥力的疏松的物质层，它是人类社会的一种最宝贵的自然资源，是农业生产最基本的资料，同时也是农业生产的劳动对象。土壤由固体、液体和气体的物质混合而成，含有水分、有机质、矿物质和微生物。

土壤中的水分来源于大气降水、灌溉水、地下水、大气中的水汽凝结。水以各种途径进入土壤后，除补给地下水外，其余的被保持在土粒表面和土壤空隙中。土壤有机质是一切来源于生命物质的总称，是土壤肥力的重要指标。土壤中的气体和大气成分基本相似，但二氧化碳偏多，氧气偏少。

农业的血脉——水利

农田水利是指包括灌溉、排水、防洪、防治盐碱、水土保持等农业服务项目的水利措施，使之有利于发展农业生产，促进农业高产、稳产。灌溉和排水工程是农田水利的主体，灌溉排水工程的规划布置关系到能否合理用水和发挥工程效益。灌溉排水工程一般由渠首工程、输配渠系、田间工程、排水系统和渠系建筑物组成。

地面灌溉是世界各国采用的主要灌溉方法，需要修建完整的田间渠系网，精细平整土地；喷灌是借助动力机械和管道、喷头等设备将具有一定压力的水喷射到空中，形成细小水滴落到田地上的一种灌溉方法；滴灌是一种新的灌水方法，它具有低压管道系统和滴头等设备，使水滴缓缓滴出，浸润作物根系土壤。

要实现农业现代化，就要大力发展农田水利建设，提高各项工程的经济、社会和环境效益。

豆类作物

大豆属一年生草本植物，又分为黄豆、黑豆、青豆等。大豆含蛋白质40%左右，油料20%，营养丰富，可食用或作油料；绿豆耐旱，适应性强，是防暑佳品，绿豆含丰富的维生素，子实及花、叶、种皮、豆芽均可入药；小豆又称红豆、红小豆、赤豆，富含淀粉、蛋白质和B族维生素，可制成豆沙，是糕点甜食的优质原料。

果树与果品

果树是可供食用的果实、种子或砧木的多年生植物的统称，是园艺作物中一个重要组成部分。桃、李、杏、樱桃、梅属于核果类果树；苹果、海棠、梨、山楂、木瓜等属于仁果类果树；核桃、板栗、榛子、银杏等属于坚果类果树；橘子等属于橘果类果树。果品是各种鲜果、干果的总称，含有丰富的维生素和矿物质，风味适口，色泽美观，有些还具有医疗保健作用，大多数果品可以加工成果汁、果酱、罐头、果冻等。

谷禾类作物

谷类作物子粒含有丰富的淀粉，而蛋白质、脂肪含量少，子粒容易贮藏和运输，是人类主要的粮食作物。其中水稻是最重要的作物，我国水稻面积广阔，主要可分为籼稻和粳稻两种；小麦是我国长城以南，淮河以北的主要作物，也是我国的主要食粮之一；大麦分为带壳大麦与裸粒大麦两种，是青藏高原和西南地区的主要作物，有高原粮食之称；玉米原产美洲，它对自然条件要求不高，容易高产。

经济作物

经济作物是相对于粮食作物而言，又称为工业原料、工艺作物等，以其加工成品的用途又可分为许多种类。其中油料作物包括油菜、花生、芝麻、向日葵、大豆等，以榨油为主要用途；纤维作物包括棉花、麻类作物、芦苇等，棉纤维是纺织工业的主要原料；糖类作物包括甘蔗、甜菜、椰枣等，以制糖为主要用途；其他还有饮料作物，如可可、咖啡、茶树等。

其他作物

植物都有自己喜爱的“美味佳肴”，如辣椒爱吃辣椒素，玉米喜欢吃黄金素，草本植物的叶子含有丰富的锌、铅、镉等金属，人们又称这一类作物为金属作物。德国政府曾在第二次世界大战留下的武器库、靶场等地方重植喜欢吸收有毒金属的植物，治理土壤污染，并得到昂贵的铬、镉等金属。

美国的科学家种植出一种名叫多烃基丁酸的塑料植物，这种植物能够提炼多烃基丁酸颗粒，可直接用于塑料加工。他们目前种植出的工业用塑料土豆，不含淀粉，只含工业树脂和塑料，因此不可食用。

育种与栽培技术

杂交育种

杂交育种是用不同基因类型的作物进行杂交，然后经分离、重组、创造异质后代群体，从其中选择优良育种成新品种的方法。杂交育种可以通过基因重新组合、基因效应累加，创造前所未有的新类型、新品种。杂交育种通常指不同品种间的杂交，有品种间、种间或属间等杂交方式。

杂交育种比一般选择育种能更好地发挥人的主观能动作用，已经成为农作物育种方法中最为广泛应用的方法了。

人工诱变育种

各种放射线，像紫外线、X射线都能够引起基因突变，有些化学物质也具有类似的效果。原来遗传基因是一种核酸大分子，它在放射线或一些化学物质的作用下，能够引起结构上的变异，即我们看到生物性状变异或基因突变。

科学家们掌握了这些规律，开始有计划地用射线或一些化学物质来处理植物的花粉、细胞或种子，以诱发各种基因突变，选择有益的变异，加以利用，这就是诱变育种。基因诱变育种可以得到大量的突变种，例如用放射线处理过的大麦，短短几条，就获得了大麦在世界各地目前所有的已知特性。

无土栽培

因为这种栽培方法不用自然土壤，作物完全在营养液中生长，所以称为无土栽培，也有人叫作水培、营养液栽培。它的优点是突破了土壤、气候等外界诸多条件的限制，而作物产量高、质量好，肥水投入少，无污染。无土栽培还较少受季节控制，避免了许多因土壤因素引发的病害。

无土栽培的设备主要有栽培床、营养液循环和灌溉系统、测试仪表等。无土栽培分为两大类：基质栽培和无基质栽培。基质是指无土栽培中用以固定作物的固体物质，同时兼具吸附营养液、改善根系透气性的功能，如泥炭、锯木屑等可作为基质。无基质栽培有水培和雾培两种，水培指作物的根浸在流动状态的营养液中，无需加氧；雾培是将作物根系悬挂在培植槽内，将营养液雾化，间断地喷向作物根系。

利用激光改良水果

把激光技术引入果树栽培中去，用以改良水果品质，既是人们的愿望，也是市场的需求。沙田柚是中国名果，它的果肉甜嫩，可是子粒太多，科学家们利用激光技术对其进行改良，培育出新的沙田柚，不仅果肉中的籽粒大大减少，而且果味比原来更为鲜美，营养成分也能获得改进。

不同的人对水果的味道要求也不同，有人爱甜味的，有人则喜欢带点酸味的。现在利用激光技术完全可以“设计”出适合不同口味要求的水果来。

耕作与管理技术

耕作技术

耕作制度是指一个地区生产单位的作物种植制度，以及相应的养地制度和其他技术体系，其目的是为了充分利用自然资源，增加经济效益。养地制度是耕作制度的基础，包括农田培肥与保护、土壤耕作等措施。

施肥是调节土壤肥力，补充作物养分的重要措施。肥类一般分为有机肥、无机肥和间接肥料。施肥时要根据具体情况使有机肥与无机肥相配合，氮、磷、钾肥相配合，对酸性和碱性土壤分别施用间接肥石灰和石膏，对缺乏微量元素的土壤，要重视微量元素肥料的施用。

轮作是一定年限内在同一块土地上，有顺序地轮换种植不同作物的种植方法。合理的轮作可以恢复和提高土壤肥力，防病除虫，提高作物的产量和品质。根据不同的情况，轮作中的作物的组成、比例、轮换顺序、轮作周期年数，均要有一定的灵活性。

土壤耕作是指利用犁、耙等工具改善耕层结构和土壤状态的技术措施，土壤耕作技术随着科技的进步也不断产生变化。近年来世界不少地方逐渐施行少耕或不耕的新方式，被称免耕作农业。耕作的主要目的是为了防治杂草、疏松土壤，在大量除草剂进入农田，完全有可能控制杂草的情况下，少耕或免耕技术就有了可能。

免耕的主要优点是能够降低农业劳动的成本和减轻水土流失，对作物生长更有利。但如果要长期免耕，某些田地会因通透性较差，而影响作物的生长，病虫鼠害也会在植物残茬上生长，增加危害，这些都是有待解决的问题。

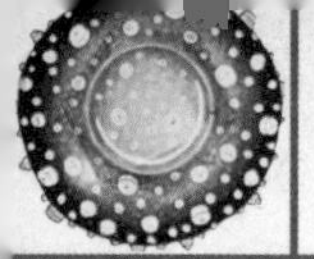

田间管理技术

为保证农作物的稳产高产，田间管理是不可缺少的，它主要包括间苗、中耕、晒田、蹲苗、催熟等，有些是传统的田间管理技术，有些是利用新的科技而产生的田间管理方法。

间苗又称稀苗、匀苗、开苗。指在作物苗期按照一定的距离来剔除多余幼苗的田间管理措施，能达到保优苗、保纯苗的目的，还能防止病害的蔓延，使作物合理利用土地、空间、阳光，光合作用的效率更高。

中耕是指于作物生育期间在作物株行间进行锄耘作业，使土壤疏松，还可以锄草、培土。中耕能提高地温，增强土壤的透气性，促进土壤微生物的活动，调节土壤养分供给状况，有效地调节土壤中水分的蒸发和储蓄。

蹲苗是抑制作物生长发育的田间管理措施，蹲苗能使作物根系向纵深发展，有助于以后的生长。肥力差、作物长势弱的地块不应蹲苗。

晒田又叫烤田、搁田、落干，是排水干田的措施，主要是针对水稻等作物的。在水稻对水不很敏感的生育期间，排除田里水层，降低土壤水分，以调节水稻的生长发育。晒田促使水稻根系下扎、节间缩短、基秆粗壮，因此抗倒伏能力大大增强，晒田复水后，根系活动增强，这就为形成大穗打下了基础。

催熟是使农作物提早成熟的措施。它通过人工的方法提高温度，或利用药物、气体来加速作物成熟。用化学药剂的催熟方法叫化学催熟；采用提高温度或将空气中氧气含量增重50%～70%，用密闭容器充注二氧化碳或用橄榄油涂抹无花果的催熟方法叫作物理催熟。催熟技术目前在甘蔗、烟草、蜜露甜瓜、水果上有广泛的应用。

筑起防治农业灾害的屏障

农作物的灾害

农业生产，不论是种植业或是养殖业，都离不开充分的阳光、水、空气，这些也都和气象因素息息相关。各种农作物和家禽家畜等，都必须生长在特定范围的热、光、水、气条件下，如果超过这个范围，它们就不能正常地生长发育，严重时可能死亡，这就造成了灾害。

大自然中气候千变万化，常常会出现各种极端的、恶劣的气候现象，如冰雹、龙卷风、干旱、台风等，这些都对农业生产不利。农业的气象灾害主要包括低温霜冻灾害，高温造成的热害；异常降水引起的旱灾、涝灾、雪灾、冰雹灾害；还有大风害、台风、龙卷风灾害等。

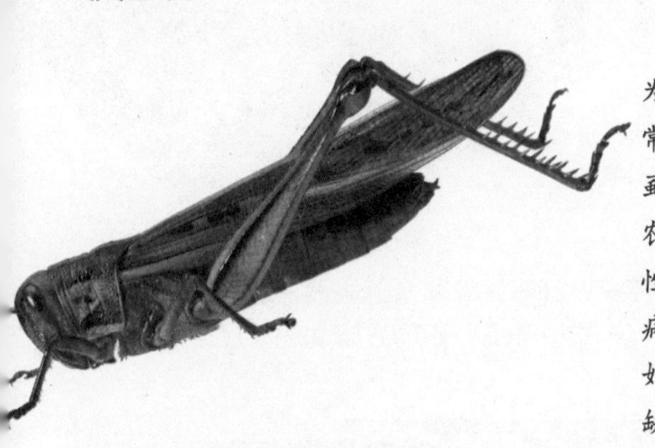

与气象灾害相比，虫害与病灾的发生更为频繁。虫害是指由昆虫造成的农业灾害，常见的农业害虫有蝗虫、拉拉蛄、蚜虫、飞虱、棉铃虫、天牛等。植物病害同样也能给农业生产带来严重的危害，它可以分为侵染性病害和非侵染性病害，区分标准是看这些病害是由生物因子还是非生物因子引起的。如小麦锈病、黄瓜角斑病属于侵染性，植物缺素症、日烧病等属于非侵染性。

防治病虫害

人们首先使用DDT等有机氯杀虫剂为代表的化学农药，从DDT出现到世界普遍推行化学防治，只用了不到20年的时间。杀虫剂、杀菌剂、除草剂、杀鼠剂等在保护农业生产中发挥了巨大的作用，运作方式伴随着农业机械化进展，也发生了突飞猛进的发展。

化学与生物

然而化学农药也常带来很大隐患——环境污染，为解决污染问题，新一代杀虫剂合成菊酯类杀虫剂产生了，它属于高效低毒低残留的农药，化学防治以新的姿态继续发展起来。

生物防治是利用其他生物来防治病虫害的方法。比如黄蚁、蜻蜓、土蜂、赤眼蜂等，都是捕杀害虫的天敌。人们还利用微生物来防治害虫。近年来昆虫激素进展很快，已经成为生物防治领域的热门。

方兴未艾的生态农业

生态农业是根据生态系统内物质循环和能量转化规律建立起来的一个综合型的生产结构。我国广东、浙江等地，农业挖塘养鱼，在塘基面上种桑，利用桑叶养蚕，蚕沙被用来喂鱼，含有鱼屎的塘泥还原塘基，形成一个闭合的生态链，被称为“桑基鱼塘型”生态农业。

生态农业与有机农业不同，它并不排斥化肥农药等化学要素，因此可能取得较高的产量。它的突出特点就是注意生态平衡，做到山、水、田综合利用，看重有机肥料和生物防治、综合防治。这也是我国农业现代化的一条出路，它在产出优质产品的同时也创造了一个优美的环境。

蓬勃发展的庭院农业

我国农村历来有在房前屋后种植果树、蔬菜，饲养家禽家畜的习惯，这就是人们所说“庭院农业”。庭院农业管理方便，生产内容丰富，还可以做到立体利用，产出高，是农家经济的重要补充。

庭院农业生产的项目很多，有观赏树木、果树、蔬菜、花卉、养鱼塘、家畜家禽等，根据不同的实际情况，有各种各样搭配组合，多层次立体利用、全年循环、不留空缺，单位面积收益比农田要高得多。

向海洋延伸的土地——围海造地

围海造地是指先在海上修筑堤坝，再利用河流或潮汐带来的大量泥沙堆积作用，逐渐将原来的水域变成陆地的工程。它将陆地向海洋里延伸，是人类增加生存空间的一种有效办法。

根据围海造地的位置不同，一般可分为三类。第一类是顺岸填海，即在比较平直的海岸的潮汐带内修筑堤坝，利用潮汐带来的泥沙堆积成陆地；第二类是围湾填海，即在海湾的适当位置筑堤，海湾口处潮汐吞吐量大，故造陆地的速度很快；第三类是河口围海，河口处一般也有大量的泥沙堆积，因此河口围海筑堤也是造地的一种有效方法。

围海造地可能会造成对航运、水利灌溉、水产养殖等方面的负面影响，因此需要认真考察、选择方案，否则就可能会得不偿失。

海上新土地——“人工岛工程”

人工岛是指在浅水区域人工填充大量土石而形成的一块土地。在人工岛上可以修建海上机场、工厂或用以建造港口，甚至建造海上城市。人工岛建设可以缓解大陆人口压力，减轻环境污染等。

人工岛工程包括岛身填充、修筑护岸堤、建立陆岛间的交通设施三个部分。陆岛间的交通一般用海上栈桥或海底隧道，桥上或隧道内既可以行驶汽车，也可以行驶列车。如果人工岛离大陆比较近，也可以采用皮带传输机、缆车作为交通运输工具。

人工岛工程一般有两种实施方法。一是先填充土石，然后筑堤，适合在比较平静的水域；二是先筑堤围海，然后再填充土石，适合在风浪大、不平静的海域。

连接海峡的水下通道——海底隧道

海底隧道是指修建在海底之下，连接海峡两岸的交通隧道。海底隧道是用钢筋混凝土分段筑成，固定在海底一定深度，适合于在水深沟大的海峡下面筑造，具有一定正浮力，采用锚泊系统。海底隧道有公路和铁路两种，公路一般为4个车道。铁路为双线，车辆排出的废气能随车辆带出，减少隧道内的废气。

海底隧道一般采用“沉管法”，将预制好的大型管身运到现场，沉到预先挖好的海底沟槽内建成；也可以利用威力巨大的隧道挖掘机，像老鼠钻洞一样向前掘土。

世界上最长的海底隧道是英法之间的多佛海峡海底隧道，全长50多千米。海底隧道之内还可以铺设光缆、输电线、天然气管道、军事设施等，以达到“综合利用”的目的。

海上新起点——海上机场

海上机场是指建在海上的浮动式或固定式的机场。由于海滨城市的用地很紧张，建陆上机场有困难，很多海滨城市建造了海上机场。如澳门机场、纽约海上机场、日本关西新机场等。海上机场的建造方式有填海式、浮动式、围海式、栈桥式和航空岛式五种。

海上机场的建造成本低于在大城市修建陆上机场，并可减轻飞机起落时产生的噪音和排放的废气对城市的污染。同时，海上机场的滑行跑道延长线上没有高大建筑物和山丘等障碍物，视野比较开阔，可以提高飞机起飞时的安全性。

前景广阔的海洋药物

随着科学技术的发展，人们发现，海洋生物中含有一系列令人惊奇的化合物，有许多为海洋生物所独有，在治疗各种疾病方面，具有不可替代的作用。所以科学家们正在利用海洋生物研制各种药物。

据预测，以下三类药物今后有较大发展前景

1.抗癌药物。海藻含有多种微量元素，如碘的含量很高，有机碘在人体内吸收、排泄都较慢，可防治乳腺癌；鲨鱼的肝、软骨、鳍均有防癌抗癌作用；砗磲和扇贝的闭壳肌和生殖腺中的糖蛋白对癌细胞有直接杀伤作用；蛤肝中的蛤累有抗癌作用；海参中的海参素、刺参甙和酸性粘多糖有抑制癌细胞转移的作用。

2.防治心血管病药物。褐藻酸、褐藻淀粉硫酸醋有澄清血脂和降胆固醇的作用。海鱼中含大量多烯脂肪酸，参与代射合成前列腺素和白三烯等活性物质，调节生理机能。EDA和DHA对血小板凝集有抑制作用，可防止血栓形成。磷虾是提取物，治疗高血压、脑溢血、心肌梗塞效果良好。

3.海洋生物毒素，具有很强的生理效应，是珍贵的海洋药物。

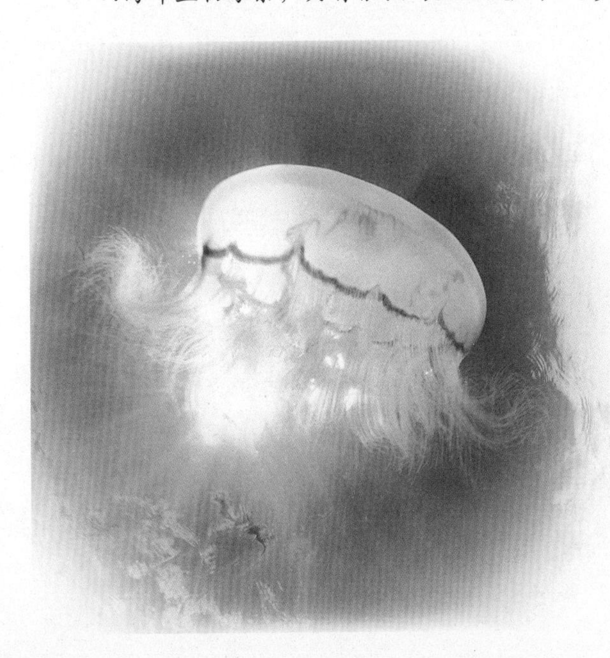

海洋生物毒素也在海洋药物中占有重要地位，具有很强的生理效应。微量的河豚毒素对精神病患者有瞬间恢复“正常意识”的作用，对脑外伤、脑神经疾病、心血管病的治愈率也很高。毒性很大的石房蛤毒素是良好的镇痛药物，它的作用比普鲁可卡因和可卡因强10万倍。沙蚕毒素人工合成的衍生物，作为稻螟虫杀虫剂，已被投放市场。这种药物对温血动物无毒，且害虫不容易产生抗药性。目前使用较为广泛的海洋生物毒素有：河豚毒素、石房蛤毒素、海蛇毒素、海葵毒素、沙蛋毒素等。

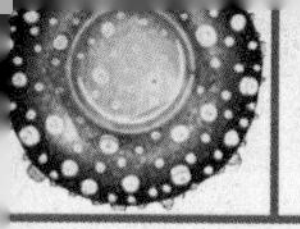

现代捕鱼技术

海洋中成群结队的鱼儿生活在不同深度的海水中，人们的眼睛很难发现。过去，渔民们只能凭经验寻找鱼群，但如果碰到阴天、黑夜等，这些经验便失去作用。因此，科学家们发明了探鱼仪。探鱼仪向海中发出超声波，超声波碰到鱼群、海底或其他物体时会产生不同的反射回波，通过接收回波并放大、分析，就可以显示鱼群的有无。

目前使用的探鱼仪有垂直探鱼仪和水平探鱼仪。垂直探鱼仪只能探测渔船下方的鱼群。水平探鱼仪可以在水平方向上探测鱼群。现在，激光技术也应用于探鱼。美国发明的机载激光探鱼仪，可在飞机航速每小时100千米时使用，大大提高了探鱼的速度。

还有一种探鱼技术叫渔业遥感技术，它是通过安装在飞机或卫星上的传感器来测定与鱼群有关的海况，间接发现鱼群。我国已能生产垂直探鱼仪和水平探鱼仪，质量已达国际先进水平。1988年研制的机载激光探鱼仪，在航速160千米，高度500米时，每小时可搜索海面12平方千米。利用遥感探鱼技术在我国也取得很大进展。

海洋无网捕鱼

海洋捕捞生产中最常见、最普通的捕捞方法是用鱼网捕鱼。人们一直都在盼望着捕鱼不用网的方法。经过科学家的研究，无网捕鱼现在已取得成功。无网捕鱼是用吸鱼泵将鱼直接从海中吸到船上，而不用鱼网。它是在光诱捕鱼、电气捕鱼以及声诱捕鱼技术基础上发展起来的综合性捕鱼方法。

无网捕鱼是将渔船驶至渔场，打开探鱼仪探知鱼群所在的方位、水深、游泳速度和方向，再将船驶近鱼群，然后利用诱鱼设备，如诱鱼灯、声音诱鱼、电场集鱼等诱集鱼群，待大量的鱼群被诱集至船边时，启动脉冲电流或调节集鱼灯光线，把鱼群诱集到一个很小的范围，再启动船上的吸鱼泵，像抽水一样把鱼吸到船上。随着科学技术发展，许多高新技术正在不断地被应用于无网捕鱼，如声光泵、声电泵、大功率潜水吸泵、新光源、低耗高效的脉冲电流发生器等研制成功，将会极大地提高无网捕鱼的效率。

形式多样的 海洋发电技术

海洋堪称一个巨大的能源库，其中蕴藏着丰富的各种形式的能源，经过科学家的探索，已发现了许多种利用海洋能源来发电的方法。我们知道海洋中的水体存在着多种运动形式，较为明显的有潮汐运动、波浪运动、海流运动等，因此将这些运动形式中所蕴含的动能转换成电能，已成为科学家的首选途径。如利用涨落潮位的落差，冲击涡轮机叶片转动进行发电。美国、加拿大等国家在潮汐能利用工程中多采用卧式潮汐发电机。这种发电方式既干净又无污染，法国的朗斯潮汐发电站就是运用这种技术进行发电的。早期人们发明了桨式波浪发动机，通过波浪的推动桨叶来回摆动，驱动发动机为海滨农业区提供动力。现在各国的科学家利用波浪作为动力，使之驱动各种不同类型的发电机发电。这种发电方式的优点在于不污染环境。

一般说来，波浪发电设备能在发电的同时起到很好的消波作用，从而形成静水区域，可为沿岸的渔业、人工养殖业的发展提供条件，对海岸防灾、沿岸土木工程、港湾码头、海上平台和海上空港起到良好的保护作用。大洋中存在着各种海流系统，让海流冲动直径达10多米的大型螺旋桨，带动发电机，将机械能转变为电能，这种发电机的最大的发电量可达到100万千瓦以上，因此被称为20世纪12项改造地球的工程之一。

方兴未艾的海洋农牧化

随着传统渔业资源的衰退和人类对蛋白质需求的日益增加，人们开辟了一条新的水产品增产途径——海洋水产农牧化。通俗地讲，海洋水产农牧化就是类似人类在陆地上种植植物和饲养放牧动物那样在海洋中养殖和放养海藻、虾蟹类、贝类和鱼类。我国开展的海带、紫菜等海水养殖就是其中的一部分。

另外，人们把人工繁殖的海洋生物苗种，如鱼苗，经过中间培育，待鱼苗身体强壮时再放到海中养殖，摄食海水中天然饵料生长发育，最大限度地利用海中的生产力——海洋浮游植物和浮游动物，最后科学合理地进行捕捞。在海洋牧场中的鱼，人们可以利用生物工程技术改变其生活习性，控制鱼类的生长环境和行动，使之在规定的海域中活动。也可以应用电子屏栅、音响驯化或水栅栏等方法围栏放牧海域，阻止鱼类外逃，防止敌害入侵，达到增产的目的。

新兴的海底旅游

随着科学技术进步，到海洋深处观光旅游，到“龙宫”做客已成为现实。1964年，在瑞士举办的一次国家博览会上，一艘非同寻常的潜艇“奥古斯特·皮卡德”号引起了广大观众的注意，因为它是世界上第一艘旅游潜艇。它的问世，标志着潜艇家族又添了一个新成员。

1996年11月8日，我国第一艘40客位旅游潜艇“航旅一号”在武昌造船厂下水。该潜艇长235米，宽42米，水下排水量125吨，最大潜水50米。两侧各有10个直径640毫米的圆形舷窗，艇首有一个850毫米的大舷窗，视野开阔。在我国海南省三亚市“天涯海角”景区投入运营。

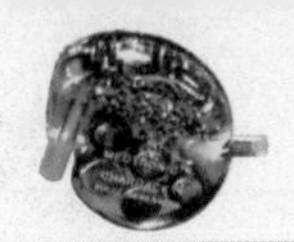

神奇的 水下机器人

水下机器人也称无人遥控潜水器。由于深海中缺氧、高压、黑暗，人类不能直接到海底探险。千百年来，古今中外的探险家一直在探索下到海洋深处去的办法，于是潜水技术也就应运而生了。潜水技术是指供人员和机具潜入水下环境的专门设备和操作方法。包括直接潜水和间接潜水两种。直接潜水指人员穿着潜水服下潜。

为了解决在水下呼吸问题，人们发明了一种水下呼吸器，称“电子肺”或“水肺”，潜水员可以在水下自由呼吸。使用这种“电子肺”，潜水员可以下潜300米，在水下工作6小时。科学家目前正在研究一种人工鳃，希望使人能像鱼一样在水中呼吸。间接潜水技术是利用抗压潜水服、潜水器等能够承受海水压力，内部保持常压的机器进行潜水。抗压潜水服的最大深度可达605米，更深的则用潜水器。潜水器有载人潜水器和无人遥控潜水器两种。后者即为水下机器人，它又分为无人有缆潜水器和无人无缆潜水器两种。无人无缆潜水器是一种既不载人又没有电缆的潜水器，它与工作母船没有机械上的联系，自己提供动力，具有在三维空间里自由运动的能力。根据其控制方式，可分为声控式、自控式和混合式三种。

水下机器人在军事上、海洋工程及海洋科学研究中具有重要的作用。法国于1980年投入使用的“逆戟鲸”号无人无缆机器人，最大潜深为6000米。1987年，法国又建造了“埃里特”(ELIT)声学遥控潜水器，其智能程度比“逆戟鲸”号高得多。我国第一台无缆水下机器人曾在西沙海域潜深达1000米。

海洋观测卫星

人造地球卫星的出现，为人类提供了观察包括海洋在内的整个地球表面的手段和能力。采用卫星监测海洋，使人类对海洋有了新的认识。为了专门观察海洋，人类向太空发射了海洋卫星。顾名思义，海洋卫星就是专门用于观测海洋，为人类研究海洋、调查海洋环境、开发利用海洋资源提供信息而设计制造的一种人造地球卫星。它是在气象卫星和陆地资源卫星基础上发展起来的，是地球观测卫星系统中的一个重要部分。

自动观测站——海洋浮标

海洋浮标，又称海上自动观测站，它是载有探测用的各种传感器的海上平台。它具有在海洋的任何区域，任凭狂风巨浪，都能常年累月地坚持“观天察海”的本领，也是现代化海洋立体观测系统中的重要成员之一。海洋浮标能随时监测海上风云的变幻，为海洋环境预报、航海运输、海洋科学研究以及海洋开发提供有关信息。

主要应用于海洋环境研究、监测和预报；海洋资源开发利用和海洋环境保护；海洋综合管理，海洋防灾与减灾，提供各种固定和移动平台的定位、船长的导航及卫星定位以及军事方面的应用等。目前，在海洋资源开发、海洋环境监测、海难救助等活动中广泛应用的卫星系统叫全球卫星定位系统，简称GPS系统。

工业科技使人类社会有了突飞猛进的发展。现代新能源技术让人类看到能源危机之外的前景；新的制造工艺继续向着智能化、精确化发展，给人们带来更高层次的享受。

军事科技展示了一个国家的科技实力，新式武器的发明会导致军队装备、编制、战术和战略的变革，现代战争就是军事科技的较量。

奇趣科技

工业与军事科技

工业科技 材料科技

潜力巨大的金属材料

金属材料很重要，以至于人类生活时刻不能与其相离，但它也太普通了，人们往往对它视而不见。历史证明金属材料的冶炼和利用，与社会文明的进程息息相关。人类最早发现了铜的炼制技术，接着又掌握了青铜、铁、钢的炼制方法。最近数十年，传统金属逐渐地退出一些阵地，大量的新型金属材料拓宽了金属材料的范围。

金属间化合物是由两种或多种金属化合产生的物质，这种材料密度小，强度高，高温力学性能和抗氧化性能优异，是新一代高温结构材料，主要用于航天、航空、汽车等工业。为发展飞机、导弹、航天飞机等，科学家努力研制轻型金属材料，例如镁合金、钛合金、铝合金等，这些材料重量轻、刚性高，能有效地增加载荷和飞机距离，并降低成本。另外还有稀土合金材料、形状记忆合金材料、非晶态金属材料等许多种新型金属材料，它们都具有独特的性能和特殊的用途。

应用于特殊环境中的陶瓷材料

公元前1万年，古人类就会用粘土来烧制陶器。与传统陶瓷相比，现代先进陶瓷或精细陶瓷具有自己的特点，它们以高科技为基础，制作工艺复杂，具有特殊的性能，如优异的力学性能，耐高温性能，各种光、电、磁、声性能和信号传输、转换功能等。

源于自然的高分子材料

高分子材料是以高分子化合物为原料，经特殊加工而制成的，这种化合物分子量很大，一般在2万以上，分子内有重复性的化学结构。人们习惯将高分子材料分为高分子工程材料和高分子功能材料两大类。高分子工程材料包括合成纤维、合成橡胶、塑料、油漆涂料、高分子粘合剂五个大类，某些高分子材料具有特殊的物理和化学性质，被称为高分子功能材料，比如导电高分子材料、高分子液晶材料、光敏高分子材料等。

高分子材料目前已经渗透到社会生活的各个角落，从卫生健康到衣食住行，从工业生产到商业贸易，都有高分子材料的影响，有人认为人类正在经历着高分子材料时代，各个国家也都对高分子材料的发展给予高度的重视和支持。

生物高分子材料是一种新的研究课题，比如科学家研究蜘蛛网的结构和性能，可以设计出强度、韧性更好的纤维材料，随着生物高分子材料的发展，它将会越来越多地被应用在人体器官制造、药品输送、抗菌衣物和玩具、各种医疗诊断器械等方面。

“1+1＞2”的复合材料

单一材料(指金属材料、陶瓷材料、高分子材料)具有各自鲜明的特点，如在力学性能方面，陶瓷硬而脆，金属材料韧性好但强度不足，高分子材料强度高，但不能在高温下使用。如果将这些单一材料复合在一起，往往产生单一材料所不具备的特殊性能，这种复合在一起的材料就形成了复合材料。复合材料分为金属基复合材料、陶瓷基复合材料、高分子(树脂)基复合材料等几种。

能源科技

能源之母——太阳能

太阳是一颗巨大的恒星，主要能源来自于氢的核聚变，表面温度达6000多度，每秒向宇宙空间发射功率是38×10^{23}千瓦，地球表面接受太阳能的总辐射量达81万亿千瓦，是现在全世界总能耗的上万倍。地球上其他类型的能源，例如石油、煤、风能等，基本上都来自于太阳能。

太阳能光热转换应用最为普遍，太阳能热水器、太阳房、太阳灶等采用聚光器和集热器利用太阳能的方法已经广泛应用。太阳能电池是太阳能利用的另一个方面，太阳能电池分为单晶硅、多晶硅、非晶硅及其他半导体材料制成的电池，这些电池已被用于航标灯、公路交通信号灯、路灯、微波通讯等领域。生物质能转换是太阳能利用中最有前途的一项重要技术，仅利用太阳能的绿色植物每年大约形成1730亿吨干物质，合理利用这些干物质，将会释放巨大的能量。

绿色能源——生物质能

地球上的动物、植物、微生物及有机废料，都可以转化为能量。生物质能就是通过植物的光合作用将太阳辐射的能量以生物形式固定下来的能量。

绿色植物的光合作用过程是它们成长壮大的过程，也是吸收、储存太阳能的过程。这些以葡萄糖、淀粉等物质存在于植物体内的能量，经过生物技术的加工，就能转化成甲醇、乙醇、甲烷、氢气等燃料。生物质能属于可再生资源，而且燃烧时不产生二氧化硫、二氧化碳等有害气体，所以这些生物燃料又称为“绿色能源”。

独占鳌头的氢能源

氢是一种无色气体，1克氢燃烧能释放出142351焦耳的能量，是汽油的3倍。而且氢燃烧后生成水，水又可以分解出氢，可以往复循环，并且没有污染。液态氢比石油、天燃气等更轻，因而携带、运输很方便，是交通工具、航空航天最合适的燃料。

目前有两种方法能制造大量的氢。一种方法是在高温高压下用镍等化合物作催化剂，使天燃气、煤等碳氢化合物气体与水蒸气作用，产生氢和一氧化碳等混合气体。另一种方法是用电解水制氢，纯度可达99.99%，但耗电量太大。目前最常用的制氢方法是用光电化学电池分解水制氢或用生物制氢。

尚待开发的地热能

地球就像一个大热库，蕴藏着巨大的热能，这种热能通过火山喷发、间歇喷泉、温泉、岩石热传导等形式源源不断地传到地表。据专家估计，地下热能的总蕴藏量相当于370亿吨标准煤燃烧时释放的能量。地热在世界各地分布非常广泛，最大的地热带是地中海——喜马拉雅地热带，它从地中海北岸的意大利、匈牙利经过土耳其、俄罗斯的高加索、伊朗、巴基斯坦、中国西藏、马来西亚，一直到印度尼西亚。

地热能的开发利用主要有两种方式：一是直接利用露出地表的喷泉、热水资源，来进行供暖、供热、供水；二是用钻井的方法，把地热引到地面采暖供热，进行发电，包括蒸汽型地热电站、热水型地热电站、干热岩发电三种形式。

利用温泉治疗疾病已有很多年的历史。日本环太平洋火山活动带上，有700多家温泉保健所，匈牙利也有地热疗养院200多家，中国共有此类疗养院上千家，著名的有西安华清池、广东的从化、北京的小汤山等。

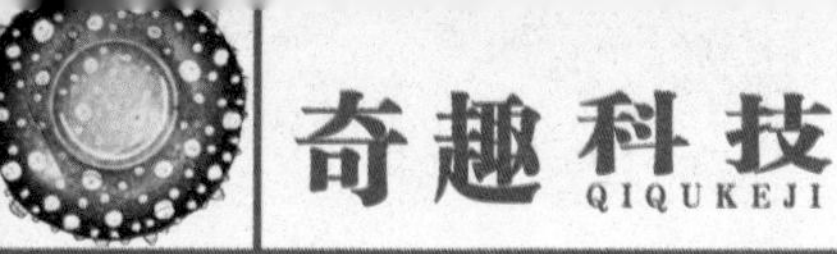

超常能源——核能

核能，也就是原子能。释放原子能有两种方法，一种是用中子做炮弹，将“原子核分裂”，由原子核质量转化，释放出巨大的能量；第二种是在极高温高压条件下，将较轻元素的原子核(如氢、氦)聚合在一起，形成新的较重的原子核，这个过程也能释放出巨大的能量。前一种核裂变反应已经实现了和平利用，如建立了很多核电站，并且已经提供了巨大的能量；而核聚变反应人们尚无法有效控制，只能在不加控制的条件下释放能量，如氢弹的爆炸。

自然界中的其他能源

自然界除了石油、天然气、煤碳以及太阳能和生物质能等以外，还有很多其他形式的能源。比如地震、台风、龙卷风、雷电等产生的能量。

地震是由于地壳剧烈运动、火山爆发、地层断裂而造成的地面剧烈震动。地震是一种灾害，同时地震时也带来了巨大的能量，只是这种能量目前人类尚无法使用。

台风是一种比地震、洪水更具威胁的自然灾害。一次台风能带来200亿吨降水，由水汽凝结释放的热量相当于50万颗1945年在日本广岛爆炸的原子弹的能量。

雷电是人们常见的一种现象，地球上每秒钟要发生100多次雷电。雷电的电压要高出普通照明电压几十万倍，电流要高出2万～3万倍。雷电每年能够制造出4亿吨供植物吸收的氮肥。科学家正在研究如何使雷电转化为其他形式的能量，以供人类使用。

军事科技

枪炮

尽管枪炮有射程有限、精确度差等不足之处，但在未来的战场上，近距离的战争仍然离不开枪和炮。枪和炮的未来发展方向为：一是在原有的种类和性能上，提高命中精度，增大射程，加强破坏效力，提高射击速度；二是要研究和发展新型的威力更大的火炮。世界上不少国家的轻武器朝着小口径、轻型化、标准化方向发展。

防身的最好武器——手枪

手枪是一种单手发射的短枪，用以自卫和消灭近距离的目标。按用途，手枪分为战斗手枪、运动手枪和信号手枪；按构造，可分为自动手枪和转轮手枪。在自动手枪中有半自动手枪和全自动手枪。半自动手枪是自动地供弹、退壳，但每扣一次扳机只能发射一发枪弹。全自动手枪也是自动供弹、退壳，但扣住扳机不放时可连续射击。

▲ 柯尔特警式转轮手枪

▲ 美国SAA型左轮手枪

战斗手枪是一种个人武器，用于杀伤50米近距离敌人的有生力量。它具有在隐蔽、狭窄的地形上与敌人突然遭遇时使用方便的特点，是指挥员和侦察兵、伞兵、装甲兵及警卫人员等特种兵的必备武器。手枪通常为自动装填武器。有的手枪在射击时利用连接的枪套作枪托，不仅可以进行单发射击，还可以进行短点射的连发射击。

无声的手枪——微声枪

微声枪枪口处装有消声装置，将火药气体降压，使之对大气的冲击作用减小。微声枪射程近，速度低，一般分网式消声装置、消音隔板式消声装置和密封式消声装置三种。

▲ 微声枪是射击时声音很小的一种枪

防恐怖斗士——霰弹枪

霰弹枪是用枪弹中分霰弹射出的弹丸杀伤敌人，杀伤面积大。

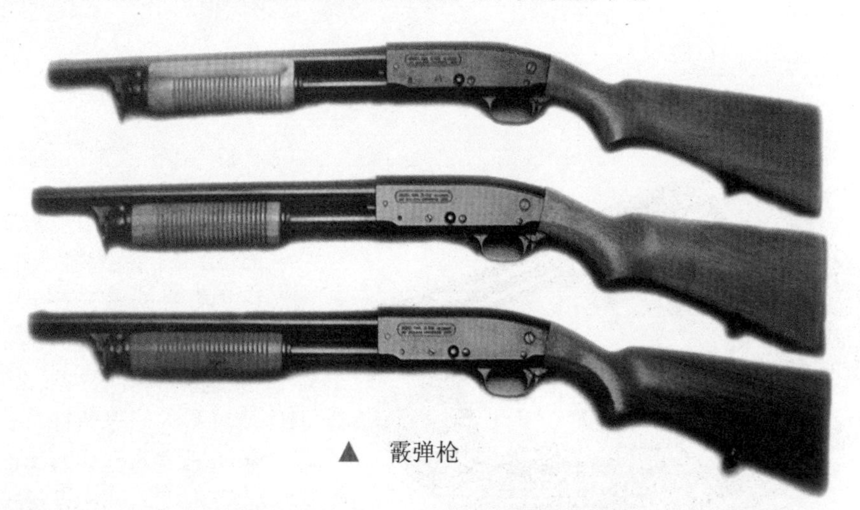

▲ 霰弹枪

霰弹枪在低、中强度冲突，高强度防爆和防恐怖战斗中功不可没。霰弹枪采用12号弹（18.5毫米），射程为150米左右。霰弹枪的威力同其装弹密不可分，美国AAI激束杀伤箭弹中有8枚钨金小箭，可在150米距离击穿厚度为3毫米的钢板，而采用穿甲弹、高能爆炸弹等也各有特色。今后，随着霰弹枪的发展，会有更多种枪弹问世。

独领风骚的冲锋枪

冲锋枪是一种单人使用的自动武器。以双手握持，发射手枪子弹，通常在近战和冲击时使用，特点是射程短、火力强。

第一次世界大战期间，为适应阵地争夺战，1915年由意大利人列维里设计制造了最早的冲锋枪。在第二次世界大战中，冲锋枪得到广泛应用。20世纪60年代后，一些国家又研制了微型冲锋枪。目前世界上最有代表性的现代型冲锋枪有法国9毫米MAT49型冲锋枪、奥地利9毫米斯太尔MP69型冲锋枪和以色列9毫米乌齐型冲锋枪等。

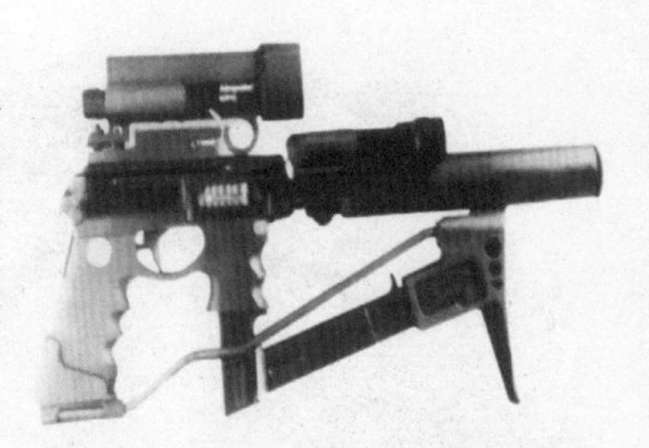

▲ 美国希尔曼9毫米冲锋枪

长着“脚”的枪——机枪

机枪也称“机关枪”，是一种利用部分火药气体的压力推动机件使之连发射击并有枪架、脚架或其他固定装置的枪。射击时，架设在特制的枪架上，用于杀伤地面、水上和空中的各种目标。机枪可不间断地进行短点射(10发以内)和长点射(30发以内)，有的机枪还可进行单发射击和连续射击。

▲ 比利时FN米尼米5.56毫米型轻机枪

◀ 以色列加利尔ARM型轻机枪

机枪按口径，可分为小口径机枪(6.5毫米以内)、标准口径机枪(6.5～9毫米)和大口径机枪(9～14.5毫米)；按构造和战斗用途，可分为轻机枪(装两脚枪架)、重机枪(装三脚枪架或轮式枪架)、大口径步兵机枪、高射机枪、坦克机枪、装甲输送车机枪、暗堡机枪、舰艇机枪和航空机枪等；按理论射速，可分为正常射速机枪(600～800发／分)和高射速机枪(3000发以上／分)。

轻重两用机枪——通用机枪

通用机枪是一种既可以当重机枪使用，又可以做轻机枪使用的两用机枪，也叫轻重两用机枪。

▲ 中国81式7.62毫米轻重两用机枪

通用机枪作轻机枪使用时有效射程为800米，作重机枪使用时为1000米。用不同的弹箱和弹链供弹，具有机动性好、便于操作、威力大和弹药通用的特点。受到军队的广泛重视，将来有可能取代重机枪。

支援火器——重机枪

重机枪又称“重机关枪”，是步兵分队的一种支援火器，亦是一种装在专门枪架上能长时间连续射击的威力强大的自动武器。用于杀伤敌人有生力量，击毁敌火器与空中目标。其口径为6.5～8毫米，战斗射速一般为200～300发/分，对地面和空中目标的最大有效射程达1000米。重机枪装有稳固枪架，可分解搬运。枪架备有方向机与高低机。射击地面目标时，方向射界可达60°～90°；射击空中目标时，方向不受限制。

▲ 中国1935年仿制24式马克沁机枪

射速极快的**高射机枪**

▲ 中国14.5毫米单管高射机枪

高射机枪具有口径大、初速高、射速快的特点。发射的弹种有脱壳穿甲弹、穿甲燃烧弹、穿甲曳光弹、穿甲燃烧曳光弹、穿甲燃烧爆炸弹等。它的有效射程为2000米。除毁伤低空目标外，也可用于射击地面目标和水上目标。它有单管和多管之分。装有旋转式高射架，操作灵便，也可安装在坦克、装甲输送车和舰艇上。

现代高射机枪的口径为12.7～14.5毫米，理论射速550～1000发／分，战斗射速70～150发／分，使用燃烧弹、穿甲燃烧弹和穿甲燃烧曳光弹实施射击。它射角大，可达90°，方向射界为360°，射程可达2500～3000米，射高达2000米。它装有环形缩影瞄准具或视准式瞄准具。

穿甲能手——**反坦克枪**

反坦克枪又称“战防枪”，专用于打击坦克及其他装甲目标。

反坦克枪口径为6.5～20毫米。用于装备步兵，打击300米以内的坦克和装甲车辆，也可用于射击800～1000米以内的土木工事和火力点。

多管机枪

美国加特林多管机枪是由美国人理查德·乔丹·加特林于1861年开始设计的一挺多管机枪。枪管中刻有膛线，机枪的构造很特别，枪管在摇架上绕一中心轴转动，供弹、进膛、击发和抛壳等动作都是在这里完成的。它的弹夹是用马口铁制成的方形盒子，垂直插在机枪的上方，依靠重力供弹。加特林机枪是现代机枪的先河，此款多管机枪自从1866年服役以来，美国陆军一直使用了40多年，并且在世界上广为流行。

▲ 反坦克枪

▲ 加特林多管机枪剖视图

◀ 美国加特林多管机枪

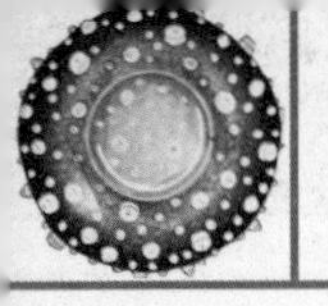

不断翻新的步兵武器

步兵武器是以装备步兵为主的各种武器。包括各种轻武器、步兵火炮以及便携式喷火器等。是步兵的基本武器。步兵火炮主要指中、小口径迫击炮和无坐力炮；便携式喷火器装备步兵中的防化专业分队。步兵武器的范畴是在不断变化，在不同国家不同时期，由于具体条件不同会有所变化，例如：20世纪50年代曾装备步兵的反坦克炮，现已撤装。从前步兵武器主要的机动方式是人背马驮，第二次世界大战以后，从发达国家开始，步兵逐步实现了机械化、摩托化，各种汽车、装甲运兵车、步兵战车和武装直升机装备步兵，对步兵武器的发展产生了重要影响。

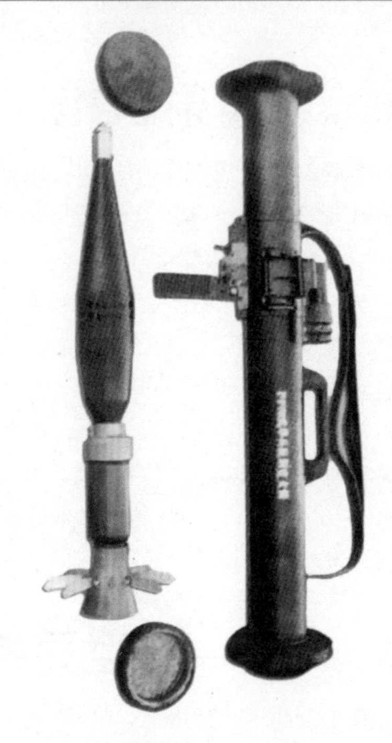

▲ 中国PF89式反坦克火箭筒

对付单个目标的有效武器——步枪

步枪是步兵使用的基本武器，它是以火力、枪刺和枪托杀伤敌人，是杀伤单个目标的有效武器。它的有效射程为300～400米，通常在200米以内射击效果最好，集中火力可以杀伤800米以内的集群目标，对空可以射击500米以内的低飞的敌机和伞兵。

步枪分为非自动步枪和自动步枪，非自动步枪每扣一次扳机，只能发射一发枪弹，而退壳和装填都靠手工进行。自动步枪又分半自动步枪和全自动步枪两种：前者每扣一次扳机，只能发射一发枪弹，而退壳和重新装填是靠火药气体的能量自动完成的；后者只要射手扣住扳机不放，就可以连续射击。

▲ 前苏联AK47型突击步枪

为适应战争的需要，提高步兵独立作战能力，人们在步枪上安装各种发射装置，能发射枪榴弹，可以对付集群目标，摧毁工事，击毁轻型装甲车辆，从而使步枪在现代战争中进一步发挥其作用。

炮弹

炮弹是指靠火炮发射的弹药，是供一次发射所用炮兵弹药的各组成部分的总称。炮弹广泛配用于地炮、高炮、航炮、舰炮、自行火炮等武器，主要用于对付各种地面、空中和水上目标，可杀伤人员，摧毁坦克、装甲车辆、空中目标、炮兵阵地和舰船，破坏土木工事和武器装备，清扫雷场和各种障碍物，还可用于照明、施放烟幕、纵火等特种战术目的。

炮弹的分类方法有多种，按配用武器可分为地面炮弹、高射炮弹、迫击炮弹、无后坐力炮弹、航空炮弹、舰(岸)炮炮弹、坦克炮弹等。按用途可分为主用弹、特种弹和辅助用弹，其中主用弹又可分为杀伤弹、爆破弹、杀伤爆破弹(此三种炮弹习惯总称为榴弹)、穿甲弹、破甲弹、碎甲弹等；特种弹包括燃烧弹、发烟弹、照明弹、干扰弹等；辅助用弹则有教练弹、模型弹、试验弹等。主用弹和特种弹合称为战斗用弹，而辅助用弹则为非战斗用弹。

新型155式制导炮弹 ▶

会“开花”的炮弹——榴弹

榴弹是杀伤弹、爆破弹和杀伤爆破弹的习惯统称。

榴弹主要靠接触或接近目标时爆炸产生的破片和冲击波、高温爆炸产物，侵彻、杀伤有生力量和轻型武器装备，爆破土木工事，引燃易燃物品。榴弹弹丸内的装填物多为TNT炸药或B炸药等，有的装有钢珠、钢箭等预制(控)破片。杀伤弹的弹体相对较厚、装药相对较少；爆破弹的弹体相对较薄、装药相对较多；杀伤爆破弹则介于两者之间。

榴弹种类很多，各种火炮通常都有配备。它对目标的破坏作用是依靠弹体为装填的炸药来完成。炸药爆炸时，瞬间产生高温、高压的气体并迅速膨胀，从而破坏目标，同时将弹壳炸碎，形成大量高速飞行的破片，杀伤人员。引信的作用是引爆弹丸，并控制爆炸的时间，用榴弹对付土木工事等目标时，要求弹丸在碰击目标时不立即爆炸，而是钻入目标一定深度后再爆炸，充分发挥炸药的能量，这种作用是靠引信的惯性和延期具体实现的，当对付有生力量时，要求榴弹着地点立即爆炸，以瞬间产生的弹壳破片杀伤人员。有时为打击堡壕的隐蔽敌人，炮兵常采用小射角跳弹射击的方法，使榴弹在空中爆炸，这种杀伤的效果更好。如果使用近炸引信空炸，杀伤威力则可成倍增加。

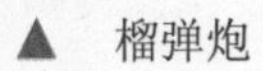

▲ 榴弹炮

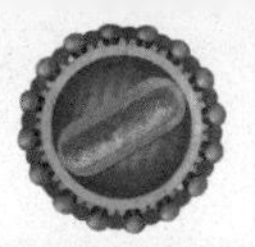

近战的有效兵器——手榴弹

手榴弹是用手投掷的弹药，因其外形似石榴而得名。主要用途是杀伤和摧毁近距离的有生目标和装甲目标。一般由弹体和引信两部分组成，有的还带有手柄。按用途可分为杀伤手榴弹、反坦克手榴弹、特种手榴弹(包括燃烧、照明、发烟、毒气以及光眩、震等多种)和辅用手榴弹(包括训练、教练手榴弹)。按引信分还有碰炸手榴弹、定时延期手榴弹以及碰炸定时延期手榴弹。

用途广泛的枪榴弹

枪榴弹是指用枪和枪弹发射的超口径弹药，用小口径榴弹发射器发射的弹药也属于枪榴弹。主要用于杀伤有生力量，打击坦克及其他装甲目标，破坏土木工事和火力点，也可用于完成其他特种战斗任务。

枪榴弹的常用弹种有杀伤枪榴弹、反坦克枪榴弹、发烟枪榴弹、燃烧枪榴弹和信号枪榴弹等。枪榴弹的种类多，用途广。按用途可分为反坦克杀伤、发烟、照明和教练枪榴弹等。反坦克枪榴弹用于摧毁坦克、步兵战车及其他装甲目标，还可破坏土木工事及掩体障碍。杀伤榴弹用于对付步兵战车、轻型装甲车辆和有生目标。

枪榴弹与其他带尾翼的炮弹相似，主要由战斗部、尾管、尾翼、引信等部分组成。不同的弹种其战斗部结构不同。反坦克枪榴弹采用聚能效应原理，弹药起爆后，爆炸冲击波形成金属射流，可穿透十分坚硬的坦克装甲。杀伤枪榴弹的战斗部与炮榴弹相似，有预制的破片弹体，弹体内还加有钢珠等，爆炸后的破片和钢珠可破坏目标，杀伤人员。

枪榴弹体积小，重量轻，一般在500～800克左右，弹径在40～70毫米。有的杀伤枪榴弹重量只有200多克，比1枚榴弹还轻，但杀伤威力却比手榴弹大，而且携带、使用都比较方便。反坦克枪榴弹威力大，垂直命中坦克时的破甲度可达340毫米，直射距离一般为50～120米，最大射程有的可达300～500米。还有一种可增程的榴弹，最大射程达900米。

可以完成特种作战任务的火箭炮弹

火箭炮弹是靠炮弹自身的火箭推力发射的无控炮弹。按用途分为杀伤爆破弹、空心装药破甲弹、反坦克子母弹、末段制导弹和干扰弹等。按飞行稳定方式分为尾翼火箭弹和涡轮火箭弹。

主要用于对固定的地面集群目标实施压制射击，也可用于反坦克或完成特种作战任务(如纵火、照明、布雷等)。火箭炮弹一般由战斗部和火箭部组成。战斗部包括引信和弹丸，用于最终完成各种预定的战斗任务。火箭部包括燃烧室、推进剂、喷管、点火具和稳定装置等部件，用于推进战斗部，使之获得一定的射程并保证足够的射击精度。

坦克群的克星——子母炮弹

子母炮弹是弹体内装有若干小弹(子弹)的炮弹。射弹飞至目标区上空时，时间引信点燃抛射药，抛射药的火药燃气将子弹从母弹弹底抛出，子弹借助母弹旋转产生的离心力撒布到广阔的地域。当子弹上的引信撞击目标时，炸药起爆，子弹爆炸。

▲ 新型双用子母炮弹

子母弹分为子母炮弹和子母炸弹。子母炮弹重点是用来对付远距离的敌方坦克群。子母炸弹是当今各国重点发展的一种子母弹，也称“集束炸弹”，作战威力强，对平民伤害大。2010年8月1日，由108个国家签署的《集束弹药公约》生效，要求销毁集束炸弹。

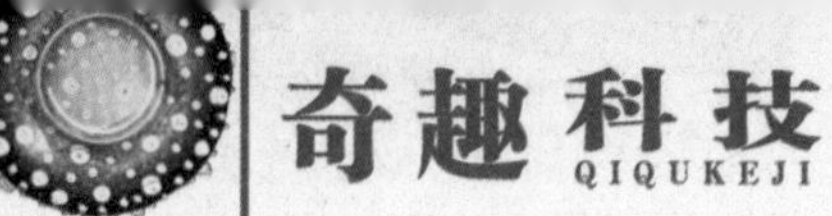

破甲高手——穿甲弹

穿甲弹是靠弹丸的动能击穿装甲，由穿甲后效毁伤目标的炮弹。穿甲后效包括射弹撞击、破片杀伤、爆破和燃烧等毁伤作用，是坦克炮、反坦克炮、舰炮和航炮等配用的主要弹种之一。穿甲效能主要取决于射弹命中目标的瞬间的动能、弹体强度、命中角等。速度和重量越大，命中角越接近90°，所能击穿的装甲就越厚。

危险的“暗箭”——迫击炮弹

迫击炮弹是指用迫击炮发射的弹药。

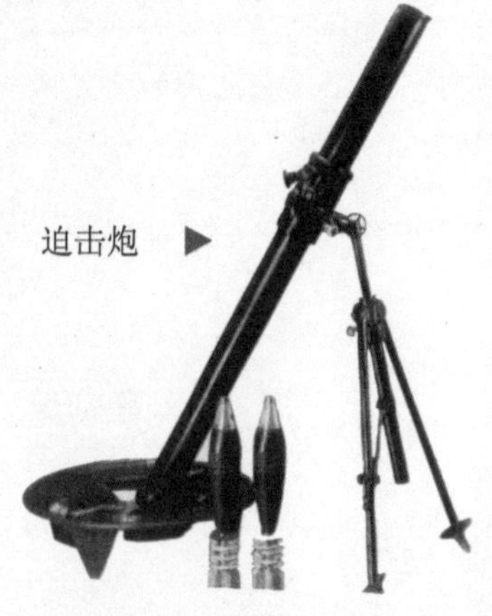

迫击炮 ▶

由于迫击炮弹重量轻、机动性好、弹道弯曲，故迫击炮弹常配属于步兵，用于山地作战和城市巷战，但目前较少配用反坦克迫击炮弹。迫击炮弹由引信、弹丸、发射装药和底火四大元件组成。由于迫击炮弹采用前装发射，所以迫击炮弹一般只能是滑膛炮，一般也只能尾翼稳定。迫击炮弹初速较低，飞行中所受空气的涡流阻力的比分较大，因此，迫击炮弹弹丸一般采用近似流线形的水滴状；但为了满足照明等特殊需要，迫击炮弹弹丸也有大容积型。

千奇百怪的特种弹

特种弹一般指利用烟火剂或其他装填物产生的光、色、声、热、烟和电磁等效应，完成信号指示、纵火、照明、施放烟幕、电子侦察与干扰等特种作战任务的弹药的总称。

传统的特种弹种主要是信号弹、照明弹、燃烧弹、发烟弹和宣传弹。随着高新技术在军事领域的广泛应用和作战需求的不断发展，特种弹已经出现了电视侦察弹、红外诱饵弹、雷达诱饵弹(又称箔条干扰弹)、多波段遮蔽发烟弹等新型弹种。

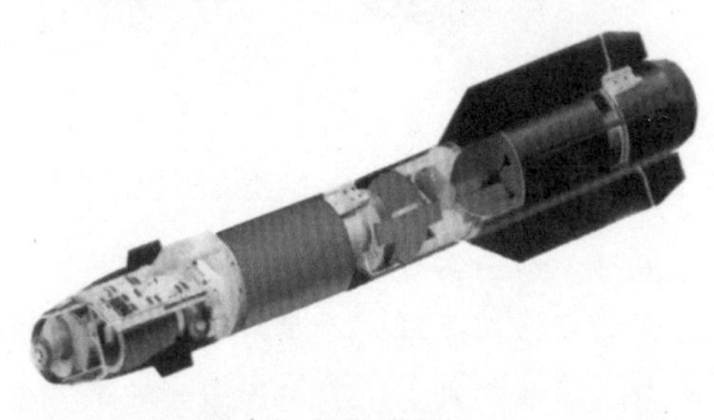

▲ 反坦克导弹

会冒烟的烟幕弹

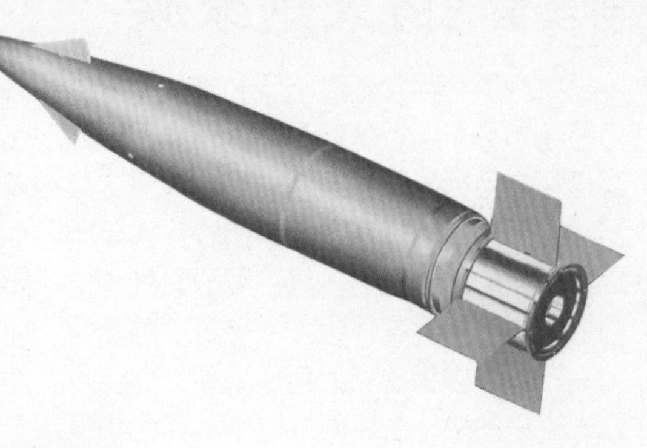

烟幕弹亦称“发烟弹”、“发烟炮弹”，它是弹丸内装有发烟剂，爆炸时能形成浓密烟雾的炮弹。用于迷惑敌人的指挥所和观察所，指示目标，进行试射，发出信号，设置烟幕以及配合测定目标地域的风速、风向。

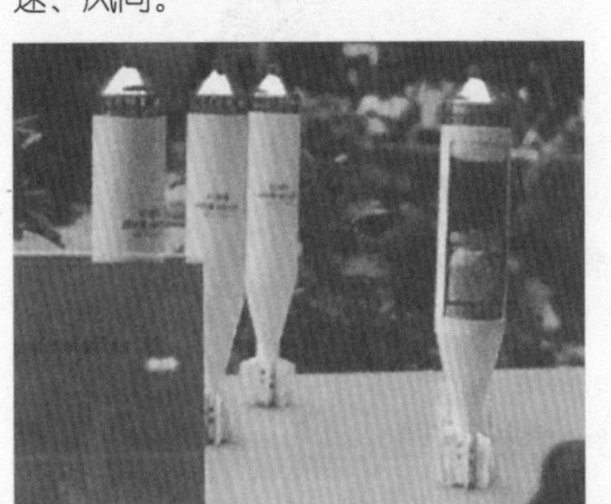

▲ 使黑夜变为白昼的照明弹

照明弹

照明弹是弹丸内装有照明剂，用于夜间战斗时照明目标和敌军占领地域内地形的一种炮弹。还可用来在夜间标示己方军队的行动方向、建立发光方位物和夜间射击时照明弹着区以供观察射击效果。

纵火能手——燃烧弹

燃烧弹亦称“纵火弹”，是弹丸内装有燃烧剂，用于引燃或烧毁目标的炮弹。主要用于点燃敌配置地域内的木质建筑、油库、弹药库、易燃物体、地表覆盖层以及毁伤敌有生力量和汽车等军事装备。

种类繁多的火炮家族

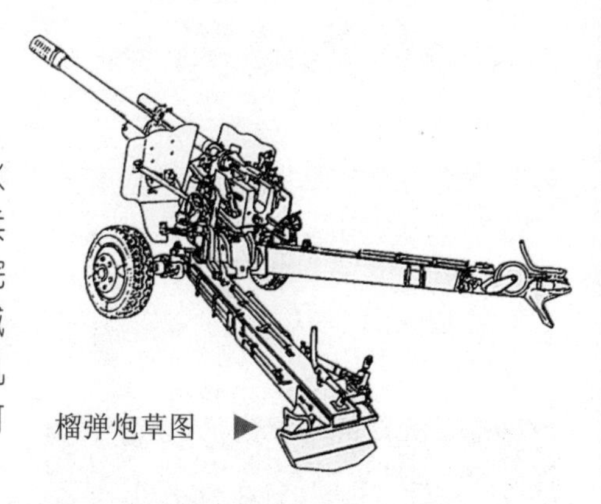

榴弹炮草图 ▶

火炮是利用火药燃气压力等能源发射弹丸的、口径在20毫米以上的管射击武器。用以对地面、水面和空中目标射击，歼灭、压制有生力量和技术兵器，摧毁工事和其他设施，击毁各种装甲目标和完成其他特种射击任务。其主要战斗性能是：弹丸威力大、射击精度高、远射性能好、射速快、火力机动、在行军中和战场上可运动性、可空运、使用可靠、维护简便、在任何条件下工作无故障。

13～14世纪，中国的火药和火器制造技术传入信仰伊斯兰教的国家和欧洲，欧洲的火炮开始发展。19世纪开始，随着工业和科学技术的发展，火炮迅速发展起来，出现了发射长形弹的线膛炮，并安装有弹性炮架。

火炮发展至今，可谓成员众多。按弹道特性分为加农炮、榴弹炮和迫击炮。按炮膛结构分为线膛炮和滑膛炮。按用途分为压制火炮、高射炮、反坦克火炮、坦克炮、航空炮、舰炮和海岸炮。压制火炮包括加农炮、榴弹炮、加农榴弹炮和迫击炮，火箭炮一般也归入压制火炮类。反坦克火炮包括反坦克炮和无后坐力炮。按运动方式分为牵引火炮、自行火炮、骡马挽曳火炮和骡马驮载火炮。

半自动炮

半自动炮是利用火药燃气能量和机械作用自动开闩、退壳的火炮。它不能自动装填炮弹和发射。装有楔形炮闩和装退炮弹半自动装置的火炮即属此类。

操作简便的自动炮

自动炮是利用火药燃气能量和机械作用完成装填、退壳和连发射击的火炮。高射炮、航空炮和舰炮多为自动炮。它操作简便，发射速度快，适用于射击快速运动的目标。

自行高射炮

自行高射炮是和车轮底盘构成一体、能依靠自身的动力装置进行机动的高射炮。主要用于毁伤低空和超低空目标，掩护行军、战斗的部队和分队。必要时也可用于射击地面和水上目标。按口径分为小口径和中口径自行高射炮；按自行方式分为轮式和履带式自行高射炮；按功能分为全天候和非全天候自行高射炮。

应用广泛的滑膛炮

滑膛炮是身管内无膛线的火炮。19世纪中叶以前的火炮都是滑膛炮，多从炮口装填炮弹。19世纪中叶以后，逐渐被后装线膛炮代替。第一次世纪大战中，由于堑壕战的发展和对曲射火炮的要求，滑膛身管的迫击炮受到各交战国的重视。 第二次世界大战以来，由于掌握了依靠尾翼保持弹刃飞行稳定的方法，滑膛炮又得到新的发展，火箭炮、无后坐力炮、多联装火箭炮、滑膛反坦克炮和滑膛坦克炮得到广泛应用。

擅长远射的加农炮

加农炮是身管长、初速大、射程远、弹道低伸、进行低射界(射角在45° 以下)射击的火炮。适用于射击垂直目标、装甲目标和远距离目标。坦克炮、反坦克炮、航空炮、高射炮、舰炮、海岸炮等，也属加农炮类型。

一炮两用的加农榴弹炮

加农榴弹炮简称“加榴炮”，是兼有加农炮和榴弹炮性能的火炮。既可进行平射，也可进行曲射。用大号装药和小射角射击，初速大，弹道低伸，接近加农炮性能，可执行加农炮的射击任务；用小号装药和大射角射击，初速小，弹道弯曲，可执行榴弹炮的射击任务。主要用于压制、 歼灭较远距离的目标和破坏较坚固的工程设施。现代加榴炮的口径为152～155毫米，弹丸重约43～46千克，最大射程为17～25千米。

摧毁近距离装甲目标的无后坐力炮

无后坐力炮是火炮发射时，炮尾向后喷火产生的动量使炮身不后坐的火炮。按运动方式分为便携式、牵引式、车载式和自行式；按炮膛构造分为线膛式和滑膛式。主要用于摧毁近距离的装甲目标和火力点。

中国75式无坐力炮

无后坐力炮结构简单，重量轻，形体小，仰角大，操作方便。利于隐蔽和机动，适于山地作战和射击活动目标，炮弹穿甲能力强，适宜攻击堡垒与掩体。但它初速小，射程较近，使用弹药较多，弹药防潮困难。因其射击时有大量火药气体向后喷射，在炮尾后53米、顶角30°的圆锥形区域内系危险区，不能有人或燃烧物。如砂土地，则尘土飞扬，影响射击，并且易被敌人发现。

坦克的克星——反坦克炮

反坦克炮主要用于射击坦克和其他装甲车辆的火炮，属于加农炮类型。具有射管长，火炮矮，初速大，弹道低伸，发射速度快，穿甲效力大，机动性能较好等特点。为了提高发射速度和便于对坦克射击，一般采用半自动炮闩和测距、瞄准合一的瞄准装置。

▲ 意大利B1“逊陶罗”轮式反坦克炮

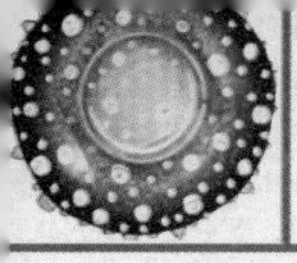

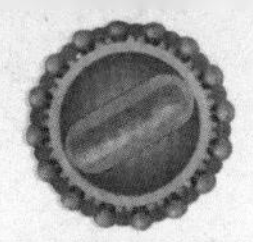

坦克与战车

目前的坦克和战车基本上承袭了第二次世界大战后的老样子，尽管在装甲防护能力、发动机功率方面有了些改进，但体积大而笨重、消耗燃料大、结构复杂、操作麻烦、乘员多，被反坦克武器击中的概率高。

不少国家都在研究今后坦克的改进和发展方向。一些专家初步设想是：简化结构，缩小体积；精简乘员，减轻重量；改革动力装置和武器设备。有的主张取消炮塔以降低高度，用电磁轨道炮来代替现在的坦克炮。

铁甲战王——坦克

坦克，是英文“Tank”的音译，原意为水柜，它是一种把火力、防护和机动力集于一身的重型陆战武器，在它问世以来的90多年中，凭其一身穿不透的铁甲、强大的火力和优越的机动能力在陆战场上出尽了风头，获得了“陆战之王”的美名。

KV-1B重型坦克 ▶

坦克按主要部件的安装部位，通常划分为操纵、战斗、动力——传动和行动4个组成部分。行动部分安装在外面，剩下的3个组成部分，在坦克里面分别称作驾驶室、战斗室和动力室。坦克里面一般乘坐着车长、炮长、弹药装填手和驾驶员共4人，统称为乘员。由于各个室的空间都很小，既要乘坐车长、炮长、装填手和驾驶员等4名乘员(装有坦克炮自动装填机的坦克，没有装填手)，又要安装许多设备，所以里面布局必须十分紧凑。

坦克行驶速度60千米/小时，最远行程650余千米，最大爬坡约30度，可越宽3米的壕沟，过高为1.2米垂直墙，涉水深1.5米，还可潜水5米深。坦克火力强大，除装有1门火炮外，还有高射机枪、并列机枪和航向机枪，携带炮弹40～60发。

主战坦克

主战坦克是在战场上担负主要作战任务的坦克。

主战坦克一般重量为40～60吨，乘员3～4人。配有105～125毫米的滑膛炮或线膛炮。所配炮弹是穿甲弹、破甲弹、碎甲弹和榴弹等。炮弹初速为每秒730～1800米，直射距离2100米，射速为每分钟69发，携带弹药基数在39～60发，越野时速35～55千米，最大行驶时速可达72千米。目前世界上最典型的主战坦克有前苏联的T－72、T－80，美国的M1A1，德国的豹－II，英国的挑战者，日本的90式和以色列的梅卡。

M1A1“艾布拉姆斯”主战坦克是美国陆军和海军陆战队装备的主战坦克。M1为原型，M1A1为基本型，改装了120毫米火炮，并加装了防核生化超压系统及附加装甲。M1A1乘员4人，战斗全重675吨，采用1500马力气冷式涡轮发动机，越野速度48千米/小时，主要作战装备是120毫米滑膛炮。该坦克机动性能好，速度快，可在1500～2600米处发现敌目标并先敌开火。坦克使用特制穿甲弹可在2000米距离上穿透15米沙墙并击毁T－72级的坦克。

“潜泳健将”——水陆坦克

水陆坦克装有水上行驶装置、能自身浮渡、可在水上和陆上两用的坦克。它的装甲比一般坦克的装甲薄，重量轻，主要用于水网稻田地、强渡江河和登陆作战。

中国1963年设计定型的63式水陆两用坦克机动性能好，火力和装甲防护能力强，既可在水上行驶，又能参加海岸登陆和横渡江河战斗，也可在多河流、湖泊、沼泽、稻田等水网地带执行战斗和侦察任务。

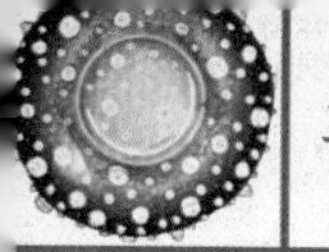

陆上工兵——扫雷坦克

扫雷坦克是装有扫雷器的坦克。用于在地雷场中为坦克开辟道路。扫雷器主要有机械扫雷器和爆破扫雷器两类。机械扫雷器又分滚压式、挖掘式和打击式三种。前两种开辟车辙式通路，每侧扫雷宽度0.6～1.3米；打击式开辟全通路，扫雷宽度可达4米。爆破扫雷器利用爆炸装药的爆轰波诱爆或炸毁地雷，开辟全通路，扫雷宽度5～7.3米。

20世纪70年代以来，一些国家在扫雷坦克上安装了挖掘和滚压相结合或挖掘和爆破相结合的混合扫雷装置。由于多数反坦克车底地雷采用磁感应引信，一些国家纷纷研制磁感应扫雷器。与机械扫雷器相比，其开辟通路速度快，发射隐蔽，清除较彻底，开辟通路宽度4～8米，长60～180米。

▲ 日本92式扫雷坦克

轮式装甲车辆

轮式装甲车辆是以轮胎行驶的轻型装甲车辆。主要装备坦克部队和机械化部队。

轮式装甲车辆种类较多，主要有步兵战车、装甲输送车、装甲侦察车、装甲指挥车、装甲通信车、装甲救护车、装甲牵引车等。其特点是公路行驶速度快，噪声小，乘坐舒适，但与履带式装甲车辆相比，越野能力较差；可是，它具有密闭式装甲车体，有水陆两用功能，并有能防核、防化学、防生物武器的性能，而且轮胎是防弹的。

步兵战车

步兵战车是供步兵机动和作战的装甲战斗车辆。具有高度的机动性、较强的火力和一定的装甲防护力。可搭载一个步兵班。车上一般装备一挺机枪、一门小口径机关炮和一具反坦克导弹发射架。有的还装备防空导弹。步兵战车分履带式和轮式两种，一般能水陆两用。陆上最大时速65～75千米，水上最大时速6～8千米。利用步兵战车底盘，可改装成指挥车、侦察车、炮兵观察车、修理工程车、救护车等多种变型车。

步兵战车主要任务是协同坦克作战，消灭敌方轻型装甲战斗车辆、火力支撑点、软目标和各种坦克武器，有时对付敌坦克及低空飞行目标。步兵战车体积小，重量轻，战斗全重12～28吨，乘员2～3人，载员6～10人，分轮式和履带式两种。

步兵战车越野速度与坦克差不多，厚度为10～15毫米，比坦克薄，但比装甲输送车厚。其炮塔正面能防20毫米或25毫米炮弹，车体能防机枪弹或炮弹片。其火力比装甲输送车强，有20毫米机关炮1门，装有反坦克导弹发射架并携弹数枚，还配有机枪。

装甲输送车

装甲输送车是设有乘载室的轻型装甲车辆。它具有高度的机动性、一定的防护力和火力，主要用于战场上输送兵员和物资器材，也可用于战斗。分履带式和轮式两种，装备到摩托化步兵班。履带式装甲输送车最大时速55～70千米，轮式的可达100千米。多数装甲输送车可在水上行驶，用履带或轮胎划水时，最大时速5千米，装有螺旋桨和喷水推进装置的，最大时速可达10千米。装甲输送车和步兵战车相比，防护力较差，火力较弱，一般只装备一挺机枪或一门小口径机关炮，但造价低廉，变型性能较好。

装甲输送车上的载员，以下车战斗为主，通常编入坦克和机械化部队，用以代替执行此项任务的军用卡车。它有轮式和履带式两种。由装甲车体、武器、观察瞄准装置和动力装置组成。动力装置位于车的首部，车后部为乘载室，两侧和后部均有射击孔。配有机枪、小口径机关炮。战斗全重6～16吨，车长4.5～7.5米，宽2.2～3米，高1.9～2.5米，可乘员2～3人，载员8～13人。

装甲侦察车

装甲侦察车通常是装有侦察设备，用于查明敌情、地形和有关作战等情况的车辆，它有一定的装甲防护力，装有武器，车型小、装甲薄、重量轻、速度快、机动性好，大都有两栖作战能力和三防设备，分轮式和履带式两种。车上配置20～30毫米机关炮和机枪。战斗全重6～16吨，观察距离300米，探测距离20千米。目前有些国家已发展了指挥侦察车、战斗侦察车、各种技能侦察车，如化学辐射侦察车、工兵侦察车等。

军用飞机

军用飞机必须加强突防能力和攻击火力，采用超高度或超低空飞行，避开敌人导弹、飞机的攻击或躲避敌人雷达的探测，还要装备远程精确制导武器，具有全方向、远距离作战能力。不论轰炸机、战斗机，隐形技术都很重要。目前常用的隐形技术是巧妙设计机体外形，减少雷达波反射面积；使用特殊的非金属合成材料，减少红外辐射；采用电子干扰技术等。

军用飞机是空军的主要作战装备，它在空中的活动范围广，机动能力强，用自身装备的机枪、航炮、火箭弹、导弹以及携带的炸弹和鱼雷等，对敌方的空中、地面、海上目标和有生力量发起攻击。

空中斗士——歼击机

歼击机是以对空作战歼灭敌机或其他空袭兵器为主要任务的飞机。欧美等西方国家，一般称其为战斗机。20世纪40年代以前，称为驱逐机。歼击机具有机动性好、速度快、空战火力强等特点，是航空兵实施空战的主要机种，被人们形象地誉为“空中斗士”。

20世纪初，歼击机开始步入空中战场，并在其后的战争中大显神威。现代战争中，到处都有歼击机的身影，歼击机正在对现代战争的进程和结局发挥着日益重要的作用。

在第一代喷气式歼击机中，值得一提的是中国的歼-6式歼击机。歼-6是中国仿制的米格-19P（代号东风-103，后称歼-6甲）单座全天候超音速歼击机，是中国也是亚洲制造出的第一架超音速歼击机。

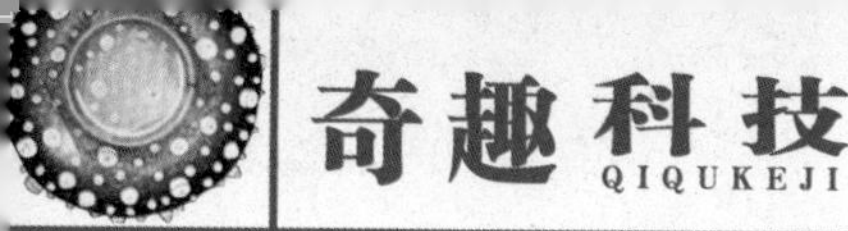

空中炮兵——强击机

强击机是歼击机的“近亲”，又叫攻击机。强击机有两项主要的作战任务：一是作低空或超低空飞行，突破敌方的防线，对敌军战役后方的兵站、军事据点、指挥机构、交通枢纽、仓库等目标实施轰炸和扫射。另一项任务是执行“近距支援”。飞临战场上空，直接配合地面作战，轰炸和扫射敌方的地面部队、火力点，以及坦克、装甲车等活动目标。

此外，强击机也是海军航空兵的主要进攻武器。舰载强击机以航空母舰为基地，携带鱼雷、空对舰导弹和各种炸弹，攻击敌方的海军舰船，支援己方海军作战，或攻击敌方沿岸、陆上纵深地区的目标，支援登陆作战。

第一代喷气式强击机从1952年开始设计，1956年美军率先装备的美国A-4“空中之鹰”轻型单座舰载攻击机最为有名。20世纪60年代初，攻击机家族进入第二代。代表机型是美国的A-6“入侵者”和A-7“海盗”。在第三代强击机中，美国的A-10，苏联的苏-25，英、法两国共同研制的“美洲虎”式以及法国的“超军旗”式等都是其中的佼佼者。以上机型已逐步退役，各国正在发展新型战斗机。

第四代战斗机采用新型大推力涡轮风扇发动机，能降低燃料的消耗。其中以美国的F-16战斗机为先驱者。在F-16之后许多国家纷纷跟进，在改良型或者是崭新设计的型号上采用。在第四代与第五代机型之间有一种过渡机型，被称为“第四代半”战斗机，有代表性的有苏-34、苏-35等战斗机。

第五代战斗机是目前最先进的一代战斗机，具有隐身设计、超声速巡航、低可探测性、使用维护简便等特点。美国的F-22“猛禽”战斗机和F-35“闪电II”战斗机是最典型的代表。此外，俄罗斯的T-50，中国的歼-20、歼-31也是其中的代表。

威力巨大的轰炸机

轰炸机是专门用于对地面、水面(水下)目标实施轰炸的作战飞机。现代轰炸机具有威力非凡的突击能力和逾万千米的远程突击能力，是从空中进攻敌战略后方目标的主要力量，是航空兵实施空中突击的主要机种。轰炸机的分类方法有多种：按载弹量可分为轻型、中型和重型三种，其载弹量分别为3～5吨、5～10吨和10吨以上。按航程可分为近程、中程和远程三种，其航程分别为3000千米以内、3000～8000千米和8000千米以上。按执行任务的范围，可分为战略轰炸机和战术轰炸机等 。

▲ 美国B-2隐身轰炸机

从第一次世界大战爆发前夕出现专门用途的轰炸机，至今已有100年的历史。在这段时间里，轰炸机的发展经历了从木布结构到全金属结构，再到金属加复合材料结构；从活塞式发动机到喷气式发动机；从低速到亚音速，再到超音速；从双翼到单翼、后掠翼及三角翼，再到可变后掠翼及奇异飞翼；从非隐身到隐身等由低级到高级的不同阶段。

在轰炸机家族中，比较有名的是美国的“B”式系列、英国的“V”式系列、俄罗斯的“图”式系列轰炸机。目前，世界上最先进的是美国的B-2高级隐身轰炸机。

异常凶猛的歼击轰炸机

歼击轰炸机指主要用于突击敌战役战术纵深内的地面、水面目标，并具有空战能力的飞机，又称战斗轰炸机。能携带普通炸弹、激光或电视制导炸弹、反坦克子母弹和战术空地导弹，有的能携带核弹，并装有火控系统、惯性领航系统和多普勒雷达、微光夜视仪、前视红外观察仪等。具有较强的攻击地面、水面目标的能力。它还可装备空空导弹，用于空战。

空中麻醉师——电子对抗飞机

电子对抗飞机专门用于对敌方雷达、无线电通信和电子制导系统等实施侦察、干扰或袭击的飞机的统称。分为电子侦察飞机、电子干扰飞机和反雷达飞机。通常用其他军用飞机改装而成。电子侦察飞机，主要用于对电磁信号的侦收、识别、定位、分析，以获取有关情报。电子干扰飞机，专门用于对敌方防空体系内的各种雷达和指挥通信设备等实施电子干扰，掩护航空兵突防。反雷达飞机，主要用于袭击地面防空系统的火控雷达。

▲ 美国E-6B电子对抗飞机

使雷达失灵的飞机——隐身飞机

隐身飞机是利用各种技术手段减小雷达反射和红外辐射，不易被各种雷达或红外探测系统发现的飞机， 又称隐形飞机。

其特点在于：

1.外形隐身技术。通过改变飞机的外形来减小雷达的反射面积。其外形独特，从机翼到机身结构平滑，分不出机身和机翼。

2.吸波隐身技术。即采用各种新型结构材料，使照射到机身上的电磁波能被大量吸收而不反射。为了降低红外辐射，隐身飞机在发动机尾喷管中装有红外过滤器，可降低90%的红外辐射。

3.电子干扰技术。能施放强烈的电子干扰，以干扰对方的雷达，使其不能正常工作。

▲ 美国F/A-18E/F隐身战斗机

歼—20战斗机是中国研制的新一代隐身战机，机身为深墨绿色，远观近似于黑色。该机将担负我军对空、对海的主权维护。

◀ 我国的新型隐身飞机歼-20战斗机

潜艇的克星——反潜巡逻机

反潜巡逻机是用于搜索和攻击潜艇的海军飞机。主要用于对潜警戒，在己方舰船航行的海区执行反潜巡逻任务，引导其他反潜兵力或自行对敌潜艇实施攻击。机上可携带后潜鱼雷、深水炸弹、核深水炸弹、空舰导弹、火箭、炸弹等武器。装备有反潜搜索雷达、红外探测仪、激光探测仪、磁力探测仪、水质分析器、气体分析器、声纳浮标等探测设备，能对潜艇进行全天候搜索、跟踪和攻击。20世纪80年代初，反潜巡逻机最大速度已达900千米／小时，最大航程9000千米左右，续航时间13～22小时，具有良好的低空性能。

▲ 美国S-2反潜机

空中加油站——空中加油机

空中加油机是给飞行中的飞机补加燃料的飞机。多由大型运输机或战略轰炸机改装而成。其作用是使接受加油的飞机增大航程，延长续航时间，增加有效载重，以提高航空兵的作战能力。现代空中加油机的加油伸缩管长14米多，总载油量161000千克左右，飞行半径3540千米，可输油90700千克。

▲ 空中加油机

空中指挥官——预警机

用于搜索、监视空中或海上目标，并可指挥引导己方飞机执行作战任务的飞机。它具有探测低空、超低空目标性能好和便于机动等特点，战时可迅速飞往作战地区执行警戒和指挥引导任务；平时可沿边界或公海巡逻，进行侦察，防备突然袭击。通常由大型运输机改装而成，装有预警雷达，以及敌我识别、情报处理、指挥控制、通信、领航和电子对抗设备等。可在数百千米距离内发现、识别、跟踪数十至数百批目标，向地面或海上指挥系统提供情报，指示目标，引导己方飞机执行作战任务。

空中生命线——军用运输机

军用运输机是用于运送军事人员、武器装备和其他军用物资的飞机。能实施空运、空降、空投，保障地面部队从空中实施快速机动。有较完善的通信、领航设备，能在昼夜复杂气象条件下飞行。有的还装有自卫武器。按运输能力，分为战略运输机和战术运输机。战略运输机航程远，载重量大，巡航速度可达870千米／小时，最大载重航程4500～4700千米，最大有效载重120～150吨，主要用于载运部队和重型装备实施全球快速机动。战术运输机在战役战术范围内执行空运任务。有的具有短距离起落性能，能在简易机场起落。

水上飞机

水上飞机是能在水面起飞和降落的海军飞机。主要用于海上巡逻、反潜、救护和布雷。按结构，分为船身式、浮筒式、水橇式。有的能水陆两用。水上飞机凭借船形机身或浮筒能在水面漂浮。机上装有水舵、机轮和锚泊设备。机载武器有航炮、炸弹、导弹和鱼雷、水雷等。由于受外形等方面的限制，第二次世界大战后只有少数国家仍继续发展、使用水上飞机。

舰载机

舰载机是以航空母舰或其他军舰为基地的海军飞机。用于攻击空中、水面、水下和地面目标，并执行预警、侦察、巡逻、护航、布雷、扫雷和垂直登陆等任务，是海军航空兵的主要作战手段之一，是在海洋上夺取和保持制空权、制海权的重要力量。按用途分为歼击机、强击机、反潜机、预警机、侦察机和电子对抗飞机等。按起落原理分为普通舰载机、舰载垂直短距起落飞机和舰载直升机。舰载机能适应海洋环境，普通舰载机一般在6级风、4～5级浪的海情下仍能在航空母舰上起落。

空中多面手——无人驾驶飞机

无人驾驶飞机是由无线电遥控设备或自备程序控制系统操纵的不载人飞机，简称无人机。可由载机携带从空中投放，也可从地面发射或起飞；可由操纵员在地面或空中遥控，也可通过自备程序控制系统自控飞行。有一次性使用的，也有的可多次使用。主要用途是靶机、侦察、电子对抗 、中继通信等。机上的主要控制系统有：无线电遥控遥测设备，程序控制装置，自动驾驶仪，自动领航、着陆或回收设备等。根据任务不同，可选装上述设备或加装其他设备。

直升机

直升机是依靠发动机带动旋翼产生升力和推进力的航空器，也称直升飞机。能垂直起落、空中悬停、原地转弯，并能前飞、后飞、侧飞，不需专门的机场或跑道；能贴近地面飞行，利用地形地物隐蔽活动；能吊运体积大的武器装备，不受本身容积的限制。它是现代军队广泛应用的重要技术装备。

直升机按旋翼数目，分为单旋翼式、双旋翼式和多旋翼式；按重量，分为轻型、中型和重型；按其作战用途，大致可分为攻击直升机、侦察(观察)直升机、运输直升机和特种用途直升机等。此外，还有无人驾驶直升机。

特种用途的直升机

特种用途直升机，即能完成某种特定任务的直升机。这些直升机可分为电子战直升机、预警直升机、布雷与扫雷直升机、指挥/通信直升机以及加油直升机等。特种用途直升机通常是在轻型、中型、重型运输直升机的基础上改装而成的。

坦克的天敌——武装直升机

武装直升机是装有机载武器系统并为执行战斗任务而设计(改装)的直升机，亦称强击直升机或攻击直升机。主要用于攻击地面、水面和水下目标，为运输直升机护航，有的还可与敌直升机进行空战。它具有机动灵活，适于低空、超低空抵近攻击，能在运动和悬停状态开火等特点。一般分为专用型和多用型两类。专用型是专门为执行攻击任务而设计的，作战能力较强。多用型除可执行攻击任务外，还可用于运输、机降、救护等。机载武器有机枪、枪榴弹、航炮、火箭、炸弹、导弹等，并装有机载火力控制系统。

战船

由于精确制导武器的发展，舰艇的安全受到越来越大的威胁，所以舰艇的隐形技术非常重要，它除了采用电子干扰技术来防止雷达探测以外，还必须在本身结构上解决隐形问题。

多用途、高效能是舰艇的发展方向。航速、火力方面均受限制的小型舰艇将逐渐被淘汰，新一代的舰艇可携带各种导弹，既能防空，又能反潜，或进行舰对舰的攻击。

海上蛟龙——舰艇

舰艇是在海上进行攻防作战和勤务保障的军用舰船，是海军的主要装备。通常分战斗舰艇和勤务舰艇两大类。战斗舰艇有航空母舰、战列舰、巡洋舰、驱逐舰、护卫舰、鱼雷艇、导弹艇、猎潜艇、布雷艇、登陆舰艇和各种潜艇等。勤务舰艇主要有侦察船、通信船、海洋测量船、海洋调查船、救生船、破冰船、运输船和工程船等。

武器系统

舰艇的动力装置都采用蒸汽轮机，少数为核动力装置、燃气轮机和柴油机等。导航设备有各种声纳、探测罗盘、导航仪等。防护设备有防核、防化学、防生物武器系统和各种减震消磁装置等。

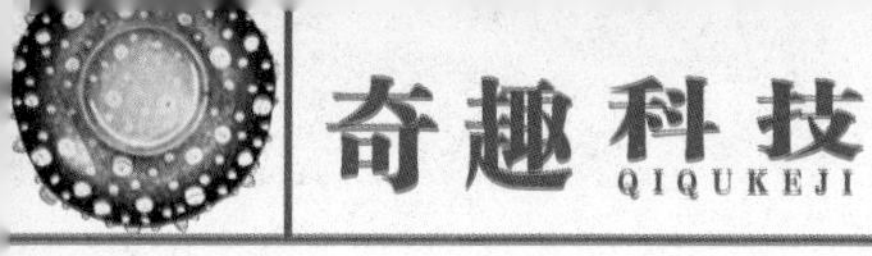

浮动的海上机场——航空母舰

航空母舰是一座高速的浮动海上机场，是海军执行“立体战”的特殊军舰。它能远离海岸机动作战。以它为核心的特混舰队，其制空制海半径可达1000千米以上，基本任务是以作战飞机攻击敌水上、水下和岸上目标，支援其他作战兵力。航空母舰的排水量都在万吨以上，超级航空母舰达9万多吨，其外形特征是：有一个小而集中的岛形上层建筑，位于右舷；一个宽阔而平坦的飞行甲板，供飞机起降。航空母舰一般装有保障飞机作业的四大特殊装备：弹射器、阻拦装置、助降设备、飞机升降机。舰上装有各种现代化电子设备，供指挥控制航空母舰编队及其作战飞机用。航空母舰有70多米高，可载几十至一百多架各型飞机，飞机是航空母舰上的主要攻击力量。

20世纪初，飞机一诞生就有人开始了飞机在舰上的起降试验。第二次世界大战中，航空母舰在海战中所取得的成果，宣告了“大舰巨炮主义”破产。从此航空母舰取代战列舰的地位，成为舰队的主力舰种，也成为大国争夺海洋霸权的重要工具之一。

航空母舰的防御能力较弱，通常在巡洋舰、驱逐舰以及潜艇等舰艇的陪伴下行动，除飞机和护航舰群担任主要防御任务外，舰上还装有火炮或导弹作为终端防御武器。

按任务和所载飞机性能的不同，目前航空母舰分为超级航空母舰、舰队型(中型)航空母舰、轻型航空母舰(垂直短距起降飞机航空母舰，又称航空巡洋舰）和直升机母舰四种。

中国“辽宁”号航空母舰

“辽宁”号航空母舰，简称“辽宁舰”，是中国人民解放军海军第一艘可以搭载固定翼飞机的航空母舰。其前身是苏联的“瓦良格”号航空母舰，苏联解体后归属乌克兰。1999年，中国购买了“瓦良格”号。2005年中国对其进行更改安装及继续建造。2012年9月25日，正式更名为“辽宁”号，交付给中国人民解放军海军，将其用于科学研究、实验及训练。拥有现代航空母舰，是一个国家海军力量和综合国力的体现。

“辽宁”号航空母舰长304米，宽70.5米，从底层到甲板共有10层，甲板上的岛式建筑有9层，包括消防、医务、通信、雷达等部门和航母战斗群的司令部。标准排水量为5.7万吨，满载排水量为6.75万吨。以4台蒸汽轮机为动力，总计20万马力，4轴4桨双舵推进。最高航速可高达32节，在航速30节时续航力为4000海里，在航速20节时续航力可达12000海里。

直升机母舰

直升机母舰是以装载直升机为主，用于反潜和登陆作战的航空母舰。它有反潜直升机母舰和登陆直升机母舰之分。

反潜直升机母舰，用于大型舰艇编队和运输船队航行时的反潜护航，具有起降甲板小，升降机少，航速高等特点。

登陆直升机母舰，用于登陆作战时运送登陆部队和物资装备实施登陆。具有起降甲板大，升降机多等特点，有便于登陆部队快速通行的电梯和宽大的登陆兵住舱等。

直升机航空母舰上设有供直升机起飞和降落用的甲板、机库、升降机等，还有舰空导弹、舰炮和反潜武器等。

美国“亚历山大”号核潜艇

“亚历山大”号核潜艇，是美军装备最为先进的“洛杉矶”级攻击性核动力潜艇的第46艘，于1991年正式服役。美军此级潜艇建造62艘，使之成为美国海军21世纪的主力潜艇。艇长110.3米，宽10.1米，水下排水量6927吨，水下最大航速可达32节，最深潜水深度450米，可承载艇员133人。艇上装备潜射“战斧”空对地导弹和反舰两种型号的巡航导弹。

“亚历山大”号核潜艇 ▶

海上炮塔——巡洋舰

巡洋舰是一种排水量比战列舰、航空母舰小，比驱逐舰大的多用途水面作战舰艇。

一艘现代化的导弹巡洋舰一般装备有舰对舰导弹、舰对空导弹、反潜导弹、反潜鱼雷、多用途直升飞机及火炮等武器。还要配备性能优良的雷达、水声、通讯、电子战系统及编队指挥用的作战情报指挥系统等电子设备。导弹巡洋舰主要任务是消灭敌舰船和掩护己方舰艇编队。还可担负两栖作战中火力支援及担负作战编队的指挥舰等。核动力导弹巡洋舰的主要任务是协同核动力航空母舰作战。

俄罗斯“基洛夫”级重型导弹巡洋舰是一艘巨大的核动力舰艇，是第二次世界大战结束后世界上建造的最大的巡洋舰。该级舰长为248米，舰宽为28米，吃水9.1米；标准排水量为1.9万吨，满载排水量为2.6万吨；最高航速为32节。装备有SS—N—19远程反舰导弹系统、AK—130 DP多用途双管舰炮、舰载反潜鱼雷和反潜火箭和SA—N—6“雷声”中远程垂直发射防空导弹等武器。

海上警卫——护卫舰

护卫舰是一种排水量比驱逐舰小，航速比驱逐舰低，火力比驱逐舰弱的水面作战舰艇。它是目前各国数量最多的一种中型水面舰艇。它是以导弹和小口径舰炮为武器，用于海岸巡逻、护航的小型水上舰艇。

近海轻型护卫舰普遍装备舰对舰导弹、火炮反潜武器。也可装载一架直升机以及轻型的近程对空导弹，动力装置为柴油机或柴燃交替的联合动力，主要任务是以舰对舰导弹攻击水面舰艇、船队护航、防空、搜索与反潜、快速布雷、保卫200海里专属经济区、护渔等。

海战多面手——驱逐舰

驱逐舰是一种排水量比巡洋舰小、比护卫舰大的多用途水面作战舰艇。

驱逐舰满载排水量一般为2000～5000吨，大的能达到7000吨以上。它的主要使命是担负作战编队的防空、反潜护卫任务，支援两栖部队作战，并能担负巡逻、警戒、侦察、海上封锁和海上救护等多种任务。1893年英国建造了世界上第一艘驱逐舰，在两次世界大战中，驱逐舰起到了多面手的作用。

战后驱逐舰的发展，第一阶段仍是以火炮、鱼雷、深水炸弹为主要武器的传统驱逐舰；第二阶段是以导弹为主要武器的导弹驱逐舰，驱逐舰的动力装置主要是蒸汽轮机和燃汽轮机。最大航速为30～37节，现代化的导弹驱逐舰装备的武器有:1～2种对空、对舰或反潜导弹，还配有多种用途直升飞机、反潜自导鱼雷、反潜火箭、干扰火箭和火炮等，并装有多种雷达、声呐、通讯、导航、电子对抗等设备。

海上突击手——鱼雷艇

鱼雷艇是以鱼雷为主要武器的小型高速水面战斗舰艇。主要用于在近岸海区对敌大、中型水面舰船实施鱼雷攻击，也可用于反潜、布雷等。有滑行艇、半滑行艇和水翼艇三种艇型。满载排水量40～250吨，航速40～50节。装有小口径舰炮、鱼雷以及通信、导航和探测设备，有的还装有射击指挥系统。鱼雷艇体积小，航速高，机动灵活，隐蔽性好，攻击威力大。但耐波性差，活动半径小，自卫能力弱。

海上拳击手——导弹艇

导弹艇是以舰舰导弹为主要武器的小型高速水面战斗舰艇。主要用于近岸海区对敌大、中型水面舰船实施导弹攻击，也可用于巡逻、警戒、反潜、布雷等。满载排水量40～500吨。航速30节左右，水翼导弹艇50节左右。装备有舰炮及巡航式舰舰导弹、鱼雷、水雷、深水炸弹或航空导弹。导弹艇航速高，机动灵活，攻击威力大。但耐波性较差，活动半径较小。

海上猎手——猎潜艇

猎潜艇是以反潜武器为主要装备的小型水面战斗舰艇。主要用于基地海区搜索和攻击潜艇，以及巡逻、警戒、护航和布雷。排水量一般在500吨以下，航速24～38节，水翼猎潜艇可达50节。装有反潜自导鱼雷、火箭式深水炸弹、舰炮以及雷达、声纳、电子战系统、作战指挥自动化系统等，有的还装有舰舰导弹或舰空导弹。适于在近海以编队形式与潜艇作战。

海上工兵——反水雷舰艇

反水雷舰艇是使用扫雷、猎雷、破雷设备搜索和排除水雷的舰艇。包括扫雷舰艇、猎雷舰和破雷舰。

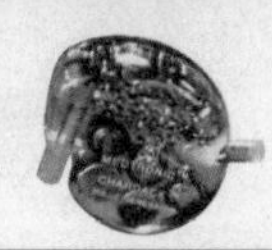

海上扫雷能手——扫雷舰艇

扫雷舰艇是专用于搜索和排除水雷的舰艇。主要任务是开辟航道、登陆作战前扫雷以及巡逻、警戒、护航等。

扫雷舰艇包括舰队扫雷舰、基地扫雷舰、港湾扫雷舰、扫雷母舰等，主要用于在基地、港口附近及近岸海区排除水雷障碍，装备有切割扫雷具、电磁扫雷具和音响扫雷具。猎雷舰装备有探雷声纳、磁探仪和灭雷具。破雷舰装备有能产生强大磁场和声场的设备，能引起水压场的变化，以诱爆水雷。舰队扫雷舰，也称大型扫雷舰，排水量600～1000吨，航速14～20节，舰上装有各种扫雷工具，可扫除布设在50～100米水深的水雷。

基地扫雷舰，又称中型扫雷舰，排水量500～600吨，航速10～15节，可扫除30～50米水深的水雷。

扫雷母舰，排水量数千吨。此外，还有种排水量在400吨以下的小型扫雷艇，它航速10～20节，吃水浅，机动灵活，用于扫除浅水区和狭窄航道内的水雷。

海上坦克——两栖作战舰艇

两栖作战舰艇是专门用于登陆作战的舰艇的统称。主要用于输送登陆兵、武器装备、物资车辆及登陆工具等进行登陆作战，亦称登陆作战舰艇。分为两栖运输舰、两栖攻击舰、两栖指挥舰、两栖火力支持舰。两栖运输舰吃水较深、装载量大、不能直接抢滩登陆。而两栖攻击舰则用于运载登陆兵、武器、装备等实施登陆。

▲ 美国最新一级两栖作战舰

多用途的两栖攻击舰

两栖攻击舰是携载直升机用于输送登陆部队及装备的登陆舰船，也称直升机登陆运输舰。两栖攻击舰使用直升机输送登陆兵进行垂直登陆，以提高登陆作战的突然性、快速性和机动性。舰上飞行甲板能同时起降多架直升机。飞行甲板下方为机库和登陆车辆库等。

“塔拉瓦”号通用两栖攻击舰是美国70年代设计制造的一艘多用途两栖作战舰。它满载时排水量3.93万吨。宽阔的甲板上可供9架“海马式”大型直升机或12架“海骑士”直升机起降。机库可容纳30架海骑士直升机或25架AB—8A垂直/短距起降飞机。机库下可供登陆艇用的大型船坞，长82米，宽24米，共载各类登陆艇40余艘。货船内装有大量物资器材；住舱内可容纳一个加强营陆战队员，2000张床位，还有2个手术室，1间紧密手术室，2间X光室，以及血库、隔离病房等。

▲ 意大利“圣乔治奥”级两栖攻击舰

“塔拉瓦”号攻击舰自身的武器并不强，只有2座“海座雀”对空导弹发射架，3座127毫米单管速射炮和6座20毫米单管速射炮。舰上各种系统完备，可直接参加两栖作战。

电子侦察船

电子侦察船是用于电子技术侦察的海军勤务舰船。装备有多种电子侦察仪器，能接收并记录无线电通信、雷达和武器控制系统等电子设备所发射的电磁波信号，查明这些电子设备的技术参数和战术性能，获取有关军事情报。满载排水量一般在500吨以上，能较长时间在海洋上对港岸目标和海上舰船实施电子侦察。但其侦察活动受海洋水文气象条件影响较大，自卫能力弱。为隐蔽企图，多数电子侦察船伪装成拖网渔船、海洋调查船、科学考察船等。

气垫船

气垫船是利用船上大功率风机将高压空气压入船底形成气垫，将船体托高水面或地面并高速航行的船只。

▲ 美国LCAC气垫登陆艇

▲ 俄罗斯“鹳”级气垫登陆艇

气垫船在军事上应用广泛。有气垫登陆艇、巡逻艇、导弹艇、扫雷艇、猎雷艇、交通运输艇等。气垫船总重量在10～300吨左右，航速20～90节，续航力100～1500海里。

▲ 鱼叉飞弹

过去，鱼雷的主要使命是用来攻击水面舰船，装备在鱼雷艇、护卫舰、驱逐舰、潜艇及飞机等上，并在历次海战中发挥了重大作用。

鱼雷

鱼雷是能在水中自航、自控、自导，以水中爆炸毁伤目标的武器。主要装备于舰艇或飞机，用以攻击潜艇、水面舰船及其他水中目标。按攻击对象，可分为反舰鱼雷和反潜鱼雷。按制导方式，可分为利用程序控制的自控鱼雷，利用水声自动寻找目标的自导鱼雷，利用导线制导的线导鱼雷以及复合制导鱼雷。鱼雷的装药有常规装药和核装药两种。此外，还有一种由火箭运载飞行到预定点入水，自动搜索和攻击潜艇的鱼雷，称火箭助飞鱼雷，亦称反潜导弹。

水下侦察兵——声呐

声呐是利用声波在水中传播的原理，通过电声转换和信号处理，探测水中目标和实施水下通信的技术设备。装备于潜艇、水面舰艇、反潜机和海岸声呐站。按装备对象，分为舰艇声呐、航空声呐、海岸声呐和便携声呐；按用途，分搜索声呐、攻击声呐、探雷声呐、识别声呐、通信声呐、对抗声呐、导航声呐和综合声呐等；按基本工作方式，区分为主动式声呐和被动式声呐。主动式声呐能辐射水中声波并能接收反射波。被动式声呐仅能接收远距离所发的水中声波。

导弹

导弹是装上了弹头的火箭，通常由弹头、推进、制导、控制和弹壳等系统组成。导弹如果装上了核弹头，就成了导弹核武器。

导弹可以在空中、地面、舰上或水下发射，各种导弹的发展方向是更精确的自动寻找目标的引导系统和更远的射程。随着核弹头的小型化，今后导弹部队将会使用小当量的核弹头，据说这样不会引起核大战。导弹的制导方式包括毫米波制导、红外成像、激光驾束等制导方式。要增大导弹的射程，必须要研究新的有更大推力的助推剂。

▲ 瑞典RBS-15空对舰导弹对空导弹

火箭

火箭是依靠火箭发动机喷射工质（工作介质）产生的反作用力向前推进的飞行器。它自身携带燃料和氧化剂，不需要空气中的氧助燃，故在没有大气的外层空间也能飞行。主要由有效载荷（弹头、卫星等）、箭体结构和推进系统组成。根据能源不同，火箭分为化学火箭、电火箭、核火箭和光子火箭等。使用最多的是化学火箭，它又分为固体推进剂火箭、液体推进剂火箭和固液混合推进剂火箭三类。最早出现的一些导弹就是用火箭来推进的。

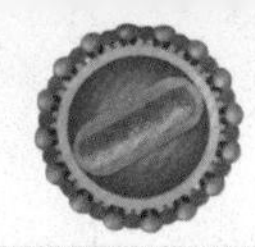

战略导弹

战略导弹特指用于攻击对方战略目标和保卫己方战略要地的导弹武器。主要携带核弹头，用于打击对方政治经济中心、军事和工业基地、核武器库、交通枢纽，以及拦截对方来袭的战略弹道导弹等重要目标。它是战略武器的主要组成部分。

战略导弹按射程可分为中程导弹(射程1000～3000千米)，远程导弹(射程3000～8000千米)和洲际导弹(射程8000千米以上)；按弹头数量可分为单弹头和多弹头导弹；按弹头装药可分为常规导弹和核导弹；按担负的任务可分为进攻性战略导弹和防御性战略导弹。进攻性战略导弹按其飞行轨迹的特征又可分为弹道式、部分轨道式和巡航式三种。

战术导弹

战术导弹是用于直接支援战场作战，打击战役战术纵深目标的导弹。按发射点和目标位置，分为地地、空地、舰地、舰舰、空舰、岸舰、空空、地空、舰空等导弹；按打击的目标，分为反舰、反潜、反坦克、反雷达、反飞机等导弹。其射程通常在1000千米以内，可携带核弹头或常规、生物、化学弹头，主要用于打击敌方核袭击兵器、坦克、飞机、舰船、雷达站、集结部队、指挥所、机场、军港等战术目标。战术导弹型号已发展为200多种。20世纪50年代以来，曾多次在局部战争中使用，是现代战争中的重要武器之一。

弹道导弹

弹道导弹是一种装有火箭发动机的无翼、无人驾驶的飞行武器。它的外形很简单，如普通的炮弹。它的发动机仅在轨道初始阶段也叫主动段工作，以后按惯性飞行，它的飞行轨迹类似普通炮弹的自由抛物弹道；被动段弹道主要部分呈椭圆形。之所以把它叫作弹道导弹，是因为末级发动机一旦关机，它只能沿着固定的弹道飞行，弹道不再改变。弹道式导弹按发射点与目标之间的相对位置，主要分为地对地导弹和由潜艇发射的导弹。

弹道导弹按所采用的推进剂类型的不同，可以分为液体推进剂火箭发动机导弹和固体推进剂火箭发动机导弹。

潜地导弹

潜地导弹是从水下潜艇上发射的主要用以攻击陆上目标的导弹，分为弹道式和巡航式两种。弹道式导弹一般装在潜艇中部的垂直发射筒内，每具发射筒内装有1枚导弹，可从水面或水下一定深度发射。潜艇巡航导弹的发射是借助潜艇内部的鱼雷发射管或专用发射筒进行的。潜艇在水下利用压缩空气开始工作。当导弹升到一定高度时，弹翼自动张开，向目标作水平巡航飞行。

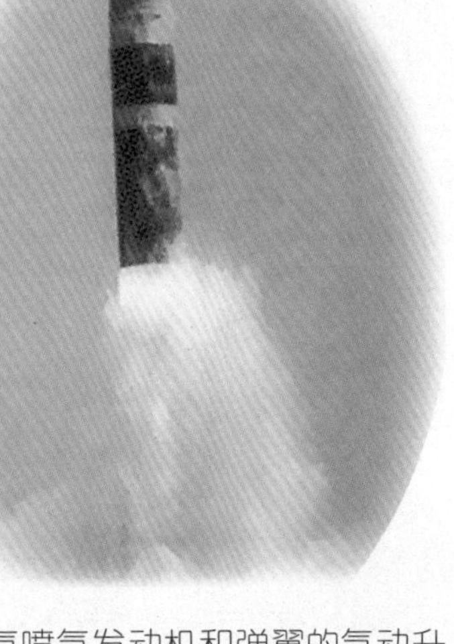

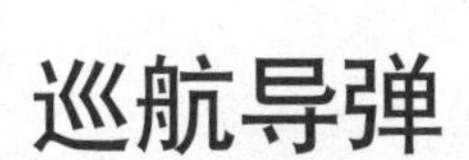

巡航导弹

巡航导弹是依靠空气喷气发动机和弹翼的气动升力，飞行轨迹的大部分以巡航状态在大气层内飞行的巡航式导弹。巡航导弹可以从地面车辆、空中飞机、水面舰艇或水平潜艇上发射，用以攻击固定目标或活动目标；既可作为战术武器，又可作为战略武器。

洲际导弹

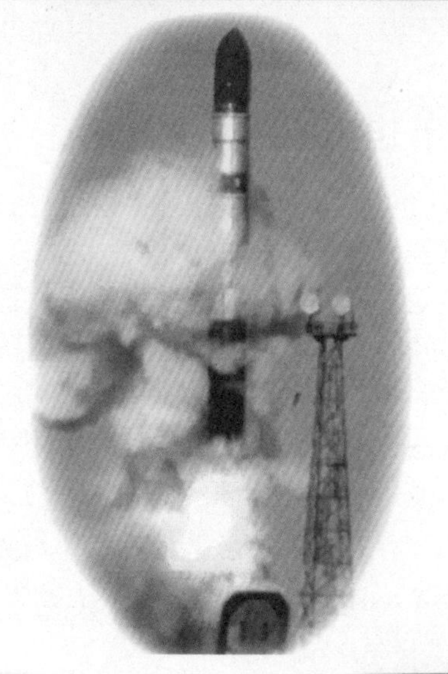

洲际导弹是射程在8000千米以上的导弹。按飞行方式，分为洲际弹道导弹和洲际巡航导弹。其射程远，命中精度高，杀伤破坏威力大，通常携带分导式或集束式核弹头，多采用地下井或潜艇水下发射。主要用于打击敌方战略目标。

导弹防御系统

导弹防御系统是拦截向我方进攻的导弹的系统，包括卫星探测、雷达预警、系统锁定、地面指挥、陆基拦截及校正等程序，是由海陆空天精密合作、快速反应的一种防御系统。导弹防御系统包括战区导弹防御系统和国家导弹防御系统。

战区导弹防御系统是由美国总统克林顿于1993年提出的，由低层防御和高层防御两部分组成。低层防御设想包括“爱国者-3”、“扩大的中程防空系统”、“海军区域防御系统”。高层防御设想包括陆军“战区高空区域防御系统”、“海军战区防御体系”、“空军助推段防御”等。

国家导弹防御系统是一个军事战略和联合的系统用于在整个国家范围抵挡外来的洲际弹道导弹。这些入侵的导弹可以被其他的导弹，或者激光所拦截。它们可以被拦截于发射点附近、飞行过程之中，或者是再入大气层阶段。

反弹道导弹是指用于拦截来袭弹道导弹的导弹。它是国家战略防御系统的重要组成部分。反弹道导弹分为高空拦截导弹和低空拦截导弹两种。高空拦截导弹，亦称被动段拦截导弹，一般用于在来袭弹道导弹飞行到大气层外时实施拦截。低空拦截导弹，又称再入段拦截导弹或近程拦截导弹，在对来袭弹道导弹进入目标上空时实施拦截。反导导弹的反应速度快、命中精度高。

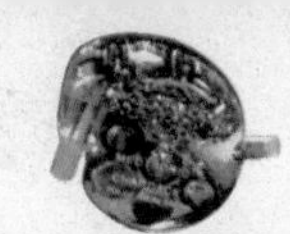

威力巨大的原子弹

原子弹是利用铀-235或钚-239等重原子核裂变反应，瞬时爆炸所形成的多种毁伤效应攻击敌方目标的核武器，又称裂变弹。按其运载和投射工具，分为核导弹、核航空炸弹、核地雷、核水雷、核鱼雷和核炮弹等。原子弹爆炸释放的能量巨大，1千克铀-235裂变所释放的能量比1千克TNT炸药所释放的能量约大2000万倍，爆炸时会形成冲击波、光辐射、早期核辐射、放射性沾染和电磁脉冲等毁伤效应。

热核武器——氢弹

氢弹是利用氢的同位素氘或氚等轻原子核聚变反应，瞬时爆炸所形成的多种毁伤效应攻击敌方目标的核武器，又称聚变弹或热核弹。按其结构特点，分为中子弹、氢铀弹和RRR弹等。氢弹威力比原子弹大，是在原子弹基础上发展起来的，通常是以原子弹作扳机，来引爆氢弹。根据作战需要，改变结构，可制成具有特殊毁伤效应的不同型式的氢弹。

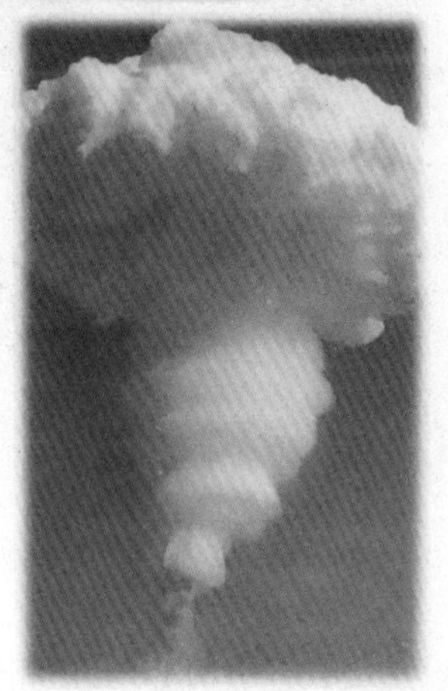

▲ 1976年6月中国首次成功地进行了氢弹爆炸试验

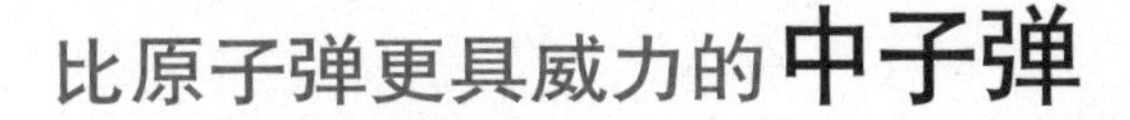

比原子弹更具威力的中子弹

中子弹是利用高能中子辐射为主要杀伤因素，攻击敌方目标的低当量氢弹。它通过氘氚聚变反应来增强高能中子辐射。其所产生的中子辐射剂量，比同等威力的原子弹约高20倍。

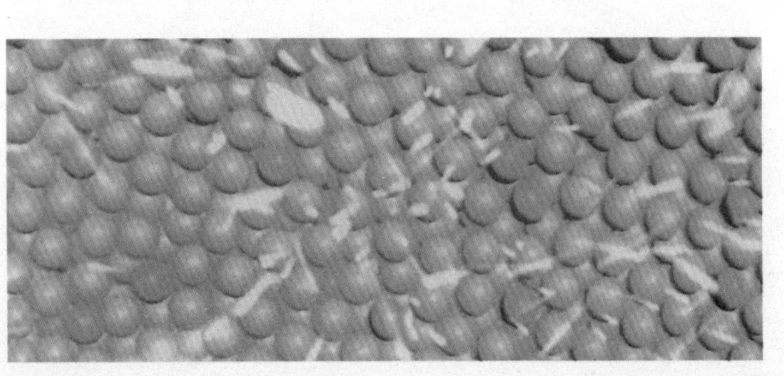

由于核武器有巨大的杀伤力，1996年9月10日，联合国第50届大会通过《全面禁止核试验条约》，禁止任何形式的核爆炸试验。

激光制导武器

利用激光的高方向性，控制和导引武器准确到达目标，是激光制导。激光制导武器，主要包括激光制导导弹、激光制导炸弹和激光制导炮弹。

▲ 幻影2000战机发射BGL激光制导导弹

激光炮

激光炮是用能量密度极高的激光直接击毁目标的射束式武器，它借助于激光的热能直接摧毁目标，故而也叫高能量激光武器或强激光武器，还可以简称为“光炮”。根据用途分为强激光战略武器和强激光战术武器。它们均是大型的或高效率的激光装置，能发射极高的激光能量。

化学武器

化学武器是指借助于各种运载工具和施放工具把化学战剂投放到目标，用于杀伤人员、牲畜、毁坏植物生长的一种武器。凡是装有化学战剂的炮弹、炸弹、火箭弹、导弹、地雷、航空布洒器、毒气罐、毒气手榴弹等都统称为化学武器。按其伤害作用分为神经性毒剂、糜烂性毒剂、全身中毒性毒剂、窒息性毒剂、失能性毒剂和刺激性毒剂6类。

这些化学毒剂呈蒸汽、气溶胶、液滴等多种状态，可造成空气、地面和物体表面染毒。人吸入或皮肤接触后，轻者使人神志不清、全身糜烂、丧失战斗力，重者将致人于死地。

1993年1月13日，国际社会签订了《关于禁止发展、生产、储存和使用化学武器及销毁此种武器的公约》（简称《禁止化学武器公约》）。

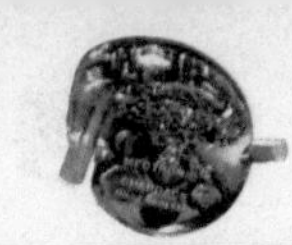

生物武器

生物武器是指应用生物技术制造的杀伤武器，它的特点有：

1.具有传染性。生物战剂大部分是传染性致病微生物。

2.污染面积大。有风时，能使几百甚至几千平方千米地域受污染。

3.危害时间长。一般生物战剂气溶胶的存活时间达数小时，条件适宜时间更长。

4.只对生物有杀伤作用，不易被侦察发现，没有立即杀伤作用，并且受自然条件影响较大。

根据微生物学的分类，目前作为生物战剂的致病微生物有病毒、衣原体、立克次体、细菌、细菌毒素、真菌六大类。生物战剂按其所致病的严重程度可分为两类。一类是失能性战剂，病死率在10%以下，如委内瑞拉马脑炎病毒；一类是致死率在10%以上，如鼠疫杆菌、肉毒杆菌毒素等。生物战剂按其所致疾病有无传染性，又可分为传染性战剂和非传染性战剂。

生物战剂侵入机体的途径

1.呼吸道吸入，绝大多数生物战剂可通过气溶胶方式经呼吸道吸人体内。

2.消化道食入，生物战剂污染的水、食物等可以从消化道进入人体。

3.从皮肤伤口粘膜进入，可直接经皮肤、粘膜、伤口或蚊虫叮咬进入人体。

1975年3月26日，《禁止细菌（生物）及毒素武器的发展、生产及储存以及销毁这类武器的公约》（简称《禁止生物武器公约》）生效，在禁止和彻底销毁生物武器、防止生物武器扩散方面发挥了重要作用。

新概念武器——动能武器

动能武器技术是一种非核、非爆炸的拦截技术。主要有两大类，一类是非核拦截导弹技术，另一类是电磁轨道炮技术。非核拦截导弹不靠核弹头、也不靠高能炸药弹头的爆炸威力去毁伤来袭导弹飞行器，而是靠因高速运动而具有巨大动能的弹丸直接和来袭目标碰撞将其摧毁。电磁轨道炮技术，亦称电磁炮，是根据带电粒子或载流导体在磁场中受到“洛仑兹力”(即电磁力)的原理，设计制造一种利用强大的电磁力来加速弹丸，并以此高速弹丸摧毁目标装置的技术。可用来反坦克、反导弹，也可用作弹射无人驾驶飞机、载人飞机，甚至发射航天器。

太空武器

太空武器，又称空间武器，包括定向能武器和动能武器及部分导弹核武器。定向能武器又包括激光武器、粒子束武器和微波武器等。动能武器主要有高速拦截火箭和电磁炮。由于这些武器的攻击目标在太空并自身部署在太空，因此称作太空武器，又叫天基武器、反导武器、反卫星武器等。

通信技术和计算机虽然历史较短，但发展却十分迅速。计算机被广泛应用于工业、农业、商业和生活中，在很大程度上代替了人脑。现代通信就像人类社会的神经网络，伸向地球各个角落，无线电波、光纤网络、互联信息等把人们带进快捷的通信高速路。

奇趣科技

通信与计算机技术

通信技术

莫尔斯与有线通信

在莫尔斯之前，许多科学家试图用电来实现通信，但都失败了。1837年，这位美国艺术家和科学家——莫尔斯，研制成功了一台电磁式电报机。他按照电路中脉冲信号产生和消失的原理，设计出了由点、划、空白代表的电报符号，这是电信史最早的编码。1844年莫尔斯在华盛顿和巴尔的摩之间架设了第一条有线电报线路。

▲ 电报的发明者莫尔斯

◀ 早期的电报局使用莫尔斯电码和莫尔斯电报机。满清政府在开设第一条电报线路时，完全搬用当时西方电报局的模式，它是中国电信业的开端

贝尔与电话的发明

电话发明家贝尔1847年出生在苏格兰的爱丁堡，他在一次实验中发现了一个有趣的现象，当电流断开或接通时，螺旋线圈都会发出噪声，贝尔顿时受到启发，令他产生用电来传话的设想。

▶ 1892年，纽约至芝加哥的电话线路架设开通。在电话线路启用典礼上，贝尔第一个试音：“喂，芝加哥……”这一历史性声音被记录下来

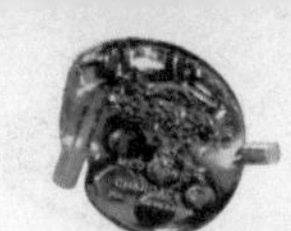

千姿百态的话机家族

智能手机

智能手机是指具有独立的操作系统，可以由用户自行安装软件，触屏式操作的手机。通过安装的程序可以不断对手机的功能进行扩充，并可以通过移动通讯网络来实现无线网络接入。

智能手机除了具有通话、收发短信等最基本的功能外，还具有日程记事、任务安排、文档处理、拍照、音视频的录制和播放、导航等功能。通过无线网络的接入，还具有浏览网页、收发邮件、社交、购物、影音娱乐等功能。

智能电话

智能电话通常是指具有个人数字助理功能的固定网络电话机。智能电话除了具有完整的固定电话功能外，通常还具有大容量的名片管理功能、来去电管理功能、通话录音功能、收发短信功能、网络传真、多方通话功能、防止电话骚扰功能、企业集团电话名片管理功能，以及辅助办公的许多功能，比如：日程安排、便笺、日历、计算器等功能。

智能电话还具有通过因特网上网的能力，可以进行网络浏览，可以进行音视频的播放、具有电子书的功能，还具有电子相框等多项功能。

翻译电话

在国际交往中，如果你只懂本国语言，那么语言障碍就会成为沟通的大敌。在打国际长途电话时也会出现这种情况，为此科学家们发明了一种翻译电话，为人们扫除语言障碍，使通话双方能够顺利地互相交流。

翻译电话内部装有自动翻译电路，具有识别语种，并根据指令将其翻译成另一种语言的功能。翻译电话是由音码器、语音合成器、电子计算机等组成的自动口语翻译系统。

录音电话

录音电话是指具有能自动应答，对通话内容和现场周围环境声音进行录音功能的电话机。近年来，智能录音电话的问世，在语音通信市场引起广泛关注。智能录音电话的录音文件音质清晰，查询方便，支持跨区域、网络上传录音文件，为人们提供了更人性化的支持。在保证通话的安全上，智能录音电话系统特有的通话加密功能可以最大限度保证通话内容不被泄露。录音电话在铁路、民航、医院、银行等行业中应用广泛。

▲ 录音传真和个人电脑合为一体的新型多功能电话

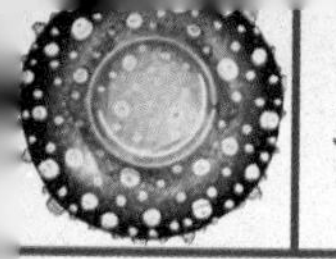

电视电话

电视电话是电视和电话机联姻的后代，人们使用它打电话时，不仅可以闻其声，还可以见其影，但电视电话同时要传输双方的语音和图像，它所占用频带宽度是很大的，相当于普通电话的1000倍。

电视电话由一台类似传统电话的按键电话机、一个电视屏幕、一架摄像机组成。它所传送的是活动图像，而一般可视电话传输的只是静止的图像。

活动的电视图像信号，必须采用数字方式在数字线路上传输，或者加入光纤通信网。电视电话需要传输通话双方的活动图像、声音信号，因而需要三对传输线。

迅速发展的微波通信

微波通信是在无线电通信的基础上发展起来的一种新通信技术。它容量大、质量好，可以长距离传送电视、电话、数据等各种通信信号，而且还具有投资不大、建设快捷的优点，已经发展成为现代化通信的一个重要组成部分。

微波通信连通我国20多个省、市、自治区，不停地传送着电视、电话、广播等信息，是我国重要的通信手段。

微波是波长很小的无线电波，有的只有几厘米或几毫米，它们具有像光一样的特性，可以用聚光灯的原理，用抛物面天线把微波集中成波束发射出去，可以传向很远的地方。为防止电波被障碍物阻断，每隔一定距离就要建一个微波接力站，接收前方传来的微波信号，并将其放大再传送下去，因此微波通信也称为“微波接力通信”和“微波中继通信”。微波接力站的相隔距离一般为50千米。

由于微波的频率高，频带宽，一个微波机可以传送数百以至上千个电话以及远距离传送彩色电视节目。微波通信能适应各种现代化通信的需要，因而它得到了广泛的发展。

技高一筹的光纤通信

用光作媒介传递信息，是人类最古老的通信方式之一。1966年英籍华人高锟博士首先提出用玻璃纤维传递光信号的设想。1980年，用光纤制成的光缆正式投人使用。现在不论打多远的长途电话，声音都非常清晰，这就是光纤通信的功绩，我们说话的声音进人话筒，变成电信号，通过激光器变成光信号，到达目的地又最后还原成声音。

覆盖全球的卫星通信

1965年，第一颗通信卫星正式投人运营，实现了跨洋通信和电视传播，卫星通信进入现实生活之中。卫星通信是利用人造地球卫星作为接力站来转发信号的无线电微波通讯。卫星通信系统是由通信卫星和与该卫星连通的地球站等几部分组成。

通信卫星必须被发送到地球上空36000千米的静止轨道上，并保持固定位置，因此也称它们为静止通信卫星。在通信卫星上装有微波转发设备，它接收地球站发来的微波信号，经放大处理后再转发给另一个地球站。在同一覆盖下，每个地球站无论距离多远，都能进行通讯，还可实现多址通信。

有声有色的多媒体通信

多媒体通信是指通信的内容不仅是一种信息媒体，至少同时是两种信息媒体。用比较专业的术语来说：多媒体信息的存储、处理、交换和传输，即为多媒体通信。多媒体通信是通信发展方向之一。

多媒体通信有如下特点：

1.高带宽：它所传输的是两种以上信息媒体，信息量大，所以占用频带宽。

2.交互性：能以交互方式进行工作，而不是简单的单向、双向传输或广播。

3.同步性：在多媒体终端上显示的图像、语音、文字是以同步方式工作的，作为一个完整的信息呈现在用户面前。

灵活多变的移动通信

移动通信是指通信一方或多方在运动状态下进行信息交换，如车辆、行人、船舶等与固定点或移动点之间的通信系统，都属于移动通信。一个完整的移动通信，除了大家所熟悉的手持机等末端设备外，还必须要有一个用来交换信息的基地台。

各个移动通信用户，只要在基地台所发射的电波的覆盖下，便可以随意拨打并与对方通话。一般情况下基地台天线架得越高，发射电波的覆盖面也越大，通信距离也就越远。军用移动通信系统要考虑隐蔽和机动，它的基地台全部为车载，天线通常只有十几米。

移动通信与光纤通信、卫星通信合称为现代通信领域中的三大新兴通信手段。现在移动通信正继续向数字化、智能化、小型化和移动综合数据网等方面进行纵深发展。

信息高速公路

信息高速公路是由光纤、卫星与微波通信组成的高速信息传输通道，它可以连接全球各个国 家，是一个贯通全球的大型数据化信息网络。

四通八达的信息高速公路能将机关、学校、工厂、医院、银行、家庭都联系起来，通过多体媒体技术，进行文字、声音、图像的传输和交流，达到信息共享。终端用户通过信息高速公路，把各种信息发送出去，片刻之间就可以把信息传送到地球的每一个角落。

信息高速公路将是一个立体的、多层次的全球性高速信息网络，它通过几十个卫星组成的高速通信通道，将全球各个地方的人们联系起来，使世界变得越来越小。

计算机技术

计算机技术的发展历程

计算机是一种能自动、高速、精确地完成大量算术运算、逻辑运算和信息处理的电子设备，它的发明标志着人类文明进入了一个新的历史阶段。在第一台电子计算机ENIAC诞生以后的50多年里，已经经历了四个发展阶段，包括电子管计算机时代、晶体管计算机时代、集成电路计算机时代、大规模集成电路和超大规模集成电路阶段。目前研制的已经是第五代计算机，即智能计算机。

▲ 1946年，第一台通用计算机ENIAC问世

从重达30吨的第一台计算机到目前PC个人电脑，计算机技术的发展日新月异，随着数字科技的革新，计算机差不多3年就更新换代一次。

计算机的应用越来越广泛，但归纳起来主要集中在5个方面：

1.科学计算；
2.数据处理；
3.实时控制；
4.辅助设计；
5.人工智能。

开辟微机发展新时代的**微处理器**

微处理器又称MPU(Micro-Processor Unit)，是一个封装在有控制部件和算术逻辑部件的集成电路，应用到微机中通常被称为中央处理器，简称CPU，它是微型计算机的核心，是体现计算机发展水平和性能的关键部件。

1971年在半导体技术和集成电路技术的蓬勃发展中，世界著名的微处理器生产厂家公司率先开发出了全世界第一个微处器芯片Intel4004，在随后二十几年中，该公司又先后推出了8088、8086、80286到80586以及号称“奔腾”的Pentium、PentiumⅡ到PentiumⅣ的各种微处理芯片。其中PentiumⅣ芯片上集成约4200万个晶体管，运算速度最高达3.2GHZ。从2005年至今，Intel公司推出酷睿（core）系列微处理器。“酷睿”是一款领先节能的新型微架构。酷睿理器家族包括专门针对企业、家庭而定制的台式机处理器和专门针对笔记本而定制的处理器。

电脑的**硬件和软件**

电脑由硬件系统和软件系统两部分组成，它们协同工作，缺一不可。电脑硬件主要包括输入和输出设备、CPU、存储设备；软件主要分为系统软件和应用软件两大类。

输入设备：键盘、鼠标、扫描仪、话筒等。

输出设备：显示器、 打印机、音箱、绘图仪等。

存储设备：内存、光盘、硬盘、U盘等。

轻便灵活的笔记本电脑和掌上电脑

轻便灵活的笔记本电脑和掌上电脑是近十几年来发展起来的一种体积小、重量轻、携带方便的计算机，它又称为便携机。它的重量一般在5千克以下，有的笔记本电脑只有2千克左右，大小就像公文包一样。人们在旅游、外出时带上它，就可以进行资料查阅、办公、网络通信等，它具有台式机的所有功能，价格高于台式电脑，近年来价格有不断下调的趋势。

掌上电脑是超微型计算机，是继笔记本电脑后计算机小型化的又一成就。掌上电脑只有手掌一样大小，可拿在手中进行操作，重量在500克左右，它没有传统的键盘、鼠标等输入设备。可以用触屏键盘输入文字，也可以用一种特制的输入笔，直接在液晶屏幕上进行手写输入，可输入文字或者图形，符合人们的书写习惯，易于使用。通过红外线或无线电波可以与台式机和网络进行通信，进行资源共享。如果连入银行的计算机网络，还可以进行转账、支付等金融业务的处理。

简单方便的触摸屏

早先，人们通过键盘按几个键向计算机输人信息、发布命令，“鼠标”诞生后，人们就喜欢用“鼠标”来输人，因为它操作起来十分简单。“触摸屏”的出现，是微机输人技术上的又一个创新，用触摸屏输处更简单、更方便、更自然，只要用手指在上面轻轻点一点、碰一碰，就完成了“信息输人”，达到了“发号施令”的目的。完全不懂计算机的人，不经过专门训练，也可以操作自如。正因为这样，触摸屏不仅已广泛应用在工业控制上，而且深人到人们的日常生活中，备受青睐。比如，美国的一家房地产公司设计了一个十分精致的“电子售房触摸屏”，买房人只要用手指触摸一下，就可以根据自己的意愿看到遍布全国的等待出售的房子的资料，资料中有房子内部、外部的一幅幅清晰的彩照和详尽的说明，买房者再也用不着花费大量精力亲临现场看房了！

条形码与计算机

在超级市场或图书馆，常常看到收银员或管理员将商品或图书外包装上的条形码放在条形码阅读器上轻轻划过，电脑显示屏上就会立刻出现该商品或图书的名称、单价等等，这是怎么一回事呢？这实际上是计算机联机系统通过条形码阅读器读入条形码数据，根据读入的数据在计算机数据库内检索相应信息，然后将结果显示出来的过程。

声像并茂的电子书刊

传统的书籍和报刊，都是把编撰好的文稿印在纸上，经过装订、运输、发行等，最后到读者手中。它们都是无声读物。

20世纪70年代，电子出版业作为一个新兴产业崛起。1975年，计算机排版已在世界范围内得到普及。人们把书刊用计算机排版印刷后，又把计算机内的数据作为副产品，存储在光盘、U盘上，成为书刊的电子版，或放在网络中提供检索服务。到20世纪80年代，计算机技术的进步，使得版式设计、文字编辑、图文合成等技术能够顺利实现。到90年代，音频、视频和图像处理技术的发展，它们与文字处理的结合，使得在文字中可以加入音频、视频信号和图像，这样一来，计算机上的一张普通的平面人物画像，除了可有传统的文字说明外，还可以开口说话，做出动作。这种新型的电子书籍和电子报纸，统称为电子书刊。电子书刊的载体有只读光盘、可读写光盘、图文光盘、照片光盘、集成电路卡以及网络出版物等。

走进互联网时代

网络电话

顾名思义，网络电话就是通过数据网络传送语音的系统。由于所用的通常是互联网，而互联网又使用IP标准，所以网络电话又叫IP电话。

最初的网络电话是通过用户的计算机实现的。发话方将语音通过话筒输入计算机，计算机将其数字化后，通过所联结的网络送给受话方的计算机，再还原成语音播放出来。后来的商业性网络电话，则通过“网关”实现。网关是专用的计算机系统，作为普通电话与互联网之间的接口。使用网络电话时，用户通过普通市内电话与附近的网关相联。网关之间则使用互联网传送数字化的语音。只要提供了受话方的电话号码，发话方所联接的网关就能自动找到受话方当地的网关，建立起联系，并由受话方网关通过市内电话呼叫受话方，最后接通电话。网关是标准化的，不同提供商可以相互联接，服务更多用户。用户则不需要附加设备， 就可以使用互联网来代替长途电话网打长途电话。

网上购物

过去，我们要购物必须去超市或商场。随着互联网时代的到来，我们可以足不出户，在家里就能买到自己想要的商品。网上购物，就是通过互联网检索商品信息，并通过电子订购单发出购物请求，然后填上个人的基本信息，卖家可以通过邮购的方式发货，或是通过快递公司送货上门。买家可以通过网上银行转账或货到付款的方式来付款，完成商品交易。网上购物不受时间、地点的限制，可以获得大量的商品信息，从订货、买货到货物上门无需亲临现场既省时，又省力，非常快捷、方便。

网络医院

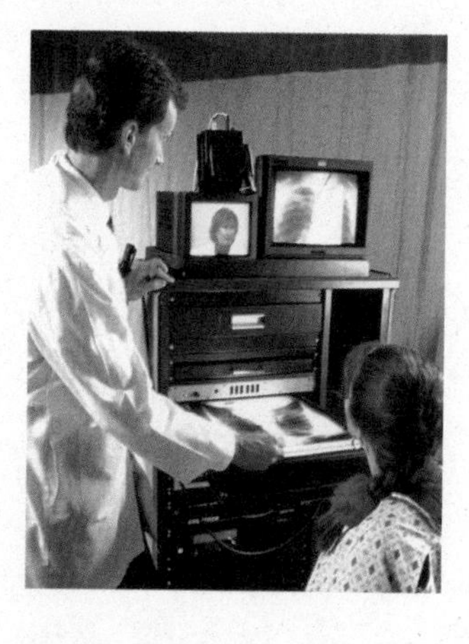

1994年初，上海的科研工作者研制成了远程医疗系统，成功地实现了网上看病。1994年5月，上海又开设了“上海名医远程医疗会诊系统”，汇集了海内外250多位中西医教授为公众服务。远程医疗是利用计算机网络进行医疗的一种模式。所谓远程，就是指医生与病人可以不在一起。所以，我们也可以通俗地将采用远程医疗方式的医疗系统称为网络医院。

◀ 远程医疗系统可以使医生和医疗专家有如近在身边那样诊治远在异处的患者，它在以美国为首的几个医疗现场成果斐然

一个远程医疗系统通常由病人服务医疗系统、专家医疗系统和会诊中心组成。前两者可以很多，会诊中心只有一个，他们通过计算机网络连在一起。远程医疗系统是这样工作的：病人就近到设有病人服务系统的医院进行检查，该医院将病人的资料通过网络传送到会诊中心。会诊中心收到病人的资料后，根据病情为病人分配或联系适当的专家医疗系统，并为病人和专家约定会诊时间。会诊时，病人和本地医生一起通过计算机网络与远地的专家见面，进行交谈讨论，最后由专家给出诊断和处理意见。会诊后，病人由本地医生按照专家的意见进行治疗。当专家医疗系统只有一个时，会诊中心就与该系统合在一起了。对于少见的疑难病，采用远程医疗，可以通过因特网在全国，甚至在全球寻医。

网络学校

远程教学，是利用计算机网络进行教学的一种模式。所谓远程，就是指老师与学生可以不在一起，同学与同学也可以不在一起。所以，我们通常将采用远程教学方式进行教学的学校称为网络学校。

目前，远程教学有两种形式。一种是采用万维网的形式，教材集中放在服务器上，老师和学生采用浏览器进行教学。另一种是采用电视会议的形式，老师和学生们可以相互看到对方，听到对方讲话。我国已经成功地开设了好几所网络学校，都采用第一种方式。

家庭网络

顾名思义，家庭网络是建造在家庭中的计算机网络。把家中的几台计算机联在一起，也算是一个家庭网络。但是，今天家庭网络的含义已经远远超出了这些。家庭网络的目标是不仅把计算机联起来，而且把所有的家用电器和其他的设备都连接起来，营造一个舒适、温馨的家庭环境。

家庭网络的功能大致包括三方面的内容：家庭安全、家用设备自动化和家庭通信。在家庭安全方面，家庭网络要连接防盗、防火、防煤气泄漏等各种控制和报警装置，还要连接摄像机这类监视设备以及呼救装置。在家用设备自动化方面，家庭网络要连接电灯、电视机、音响、电冰箱、洗衣机、电饭煲、电烤箱、微波炉、窗帘开闭机、数码相机以及电表、煤气表和水表等设备。在家庭通信方面，家庭网络要连接计算机、电话机、传真机等设备。家庭网络的基础是结构化综合布线。

超越现实的电脑虚拟技术

电脑虚拟现实技术一般由以下几个部分组成：各种传感器以获取人的动作等信息；印象器用来使人产生立体视觉、听觉和触觉等；进行数据处理的电脑系统。

当人带上头盔式液晶显示器和“数据手套”传感器，打开电脑，一幅幅立体感很强的画面就出现在眼前，并且随着人手指的运动，会出现相应的变化，让人进入梦幻般的计算机空间。

电脑虚拟技术可以制造紧张刺激的虚拟游戏，也可以用在产品设计、课堂教学、军事训练、科学试验等方面。

如果利用虚拟技术为人们建立各种虚拟世界里的休闲场所，让人们在学习和工作时间以外到丰富多彩的虚拟世界里游玩一番，真是一件别有情趣的事情。

世界公害——电脑病毒

电脑病毒是人为编制的、能对计算机系统造成破坏的电脑程序。它和使人生病的生物病毒完全不是一回事。一些电脑迷和电脑高手为了显示自己的才能或者进行恶意报复而编制电脑病毒，一些软件公司为防止盗版也在产品中设置了病毒程序。迄今为止，全世界已经发现了上万种病毒，而且仍以每天10种新病毒的速度递增，花样不断翻新，已经成为全世界的一大公害，反病毒也成为电脑安全的重要课题。

电脑病毒能够隐藏在其他程序中，还可以进行自我复制传播到其他更多的程序中，一旦有机会，它就会对电脑系统进行破坏活动，危害很大。其中良性电脑病毒发作时并不破坏电脑，只是进行恶作剧，如演奏一段音乐等。

◀ 病毒给全世界的计算机用户带来了极大恐慌

"幕后英雄"——电脑黑客

"黑客"一词源于英文中"HACK"，出现于20世纪初的美国麻省理工学院，指用巧妙的手段和高明的技术完成一个"漂亮"的恶作剧。

不管人们承不承认，这些充当"幕后英雄"的电脑黑客，都一直在给人们制造着麻烦甚至是巨大的损失。对于高明的黑客来说，计算机系统并不强大，美国每年因电脑盗窃、诈骗造成的损失为几十亿美元，黑客入侵所造成的损失要比一般事故造成的损失大得多。

黑客的首要攻击目标是银行，他们改变银行资金的流动方向，直接窃取经济利益，本质上和盗窃一样。黑客还经常光顾企业的网络，然后再高价卖出所窃取到的商业机密。除此以外，黑客的活动还威胁着国家的军事机密。但是采用什么样的安全措施，来防止黑客侵袭，至今仍没有十分有效的方法，因为时代在发展，他们也在演变。

奇趣科技

生物技术与人体医学

生物技术一直与人类的关系极为密切，深刻地影响着人类的生产和生活方式。现代生物技术的迅猛发展与广泛运用，已经使人类的某些思想观念发生根本的变化。科学家们说，21世纪是人类的生物世纪。

自古以来疾病就给人类带来巨大的阴影，现代医学迅速发展，新的诊断方法、治疗方法、先进药品、器械的不断进步，帮助病人恢复健康。不久的将来，病魔将不再是人类生命的克星。

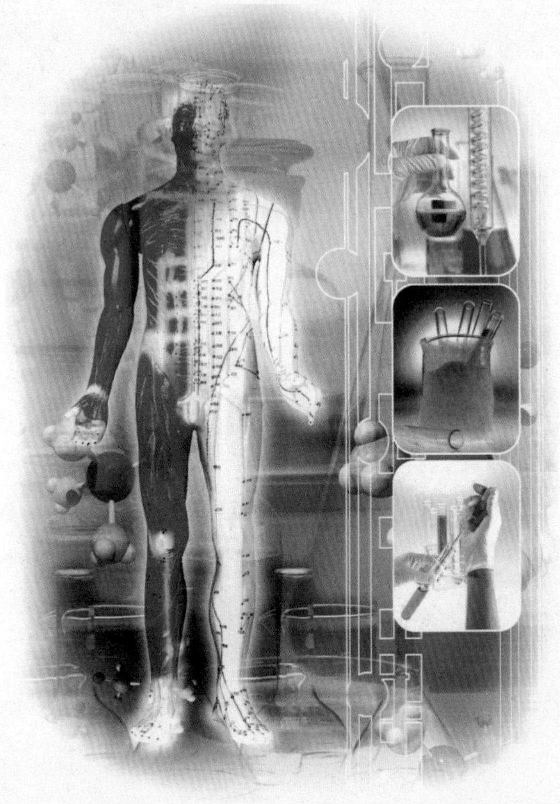

生物技术

形形色色的细胞形态

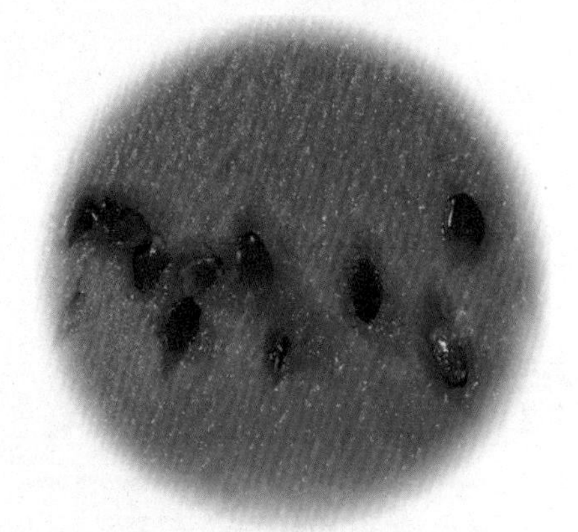

细胞是生命的基本单位，它构成了自然界的生物。我们吃西瓜时，会发现瓜瓤上有许多发亮微粒，它们便是西瓜的果肉细胞团。

◀ 西瓜的果肉细胞团

细胞的结构复杂精巧，细胞的形态形形色色。植物根毛区的细胞外壁向外突出，有利于吸取营养；果肉细胞体大壁薄，有利贮存营养。动物胃壁上的细胞是长梭形的，伸缩自如；神经细胞是多角星形的，能很快地传导由刺激所产生的兴奋。

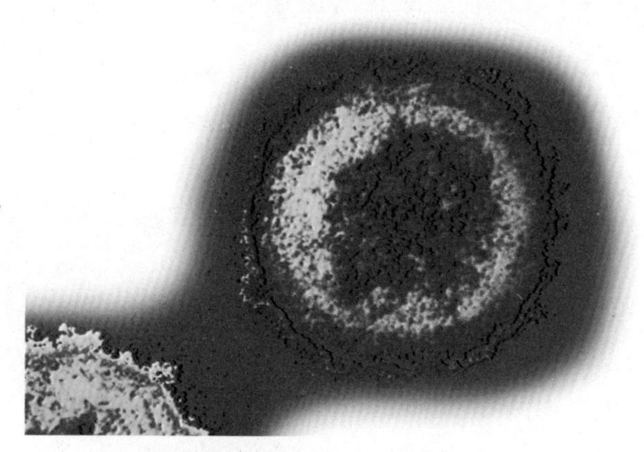

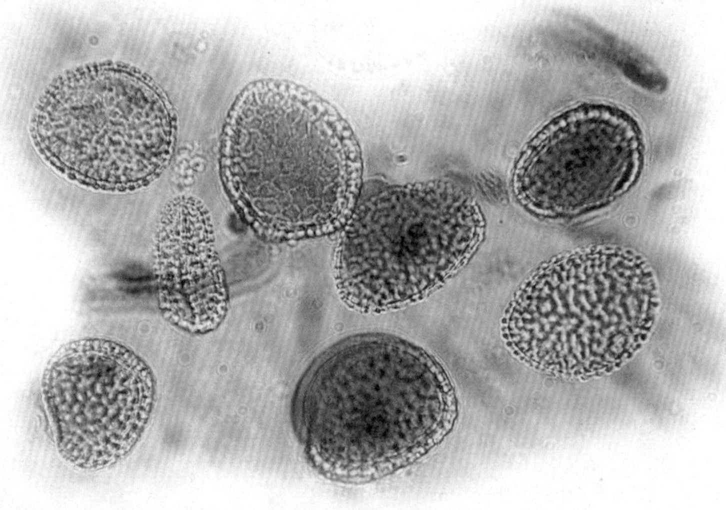

一般动物细胞要比植物细胞小。细菌只有一个细胞，比动物细胞还小。几乎所有的细胞只有在显微镜下才能看到。生物界里也有很大的细胞，比如苎麻的纤微细胞可长达55厘米；未受精的驼鸟蛋也是一个细胞，直径可达10厘米。

生命的物质——蛋白质和酶

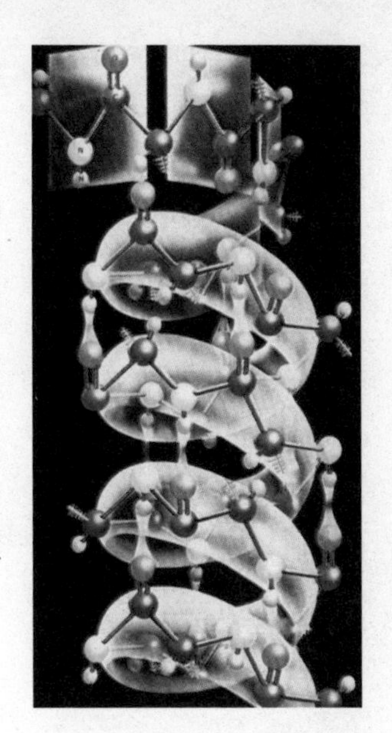

蛋白质是一切生命体细胞的重要组成部分，没有蛋白质就没有生命。如果把人体内的水分去掉，剩下的部分将近45%是蛋白质。一般来说植物体内蛋白质含量低于动物体。牛肉、大豆、面粉、黄瓜……都含有蛋白质，动物的骨骼、肌肉、毛发中也含有蛋白质。蛋白质是由各种各样的氨基酸按一定顺序连成一串，然后再按一定规则反复地折叠、盘曲，形成不同的形状。

酶是生命活动的催化剂，食物的消化、蛋白质的合成、生物能量的控制和利用等，都需要酶来参加。如果没有酶，生命活动就会被抑制。如胃蛋白酶能使食物里的蛋白质大分子变成利于吸收的小分子。目前，科学家已从生物体内提取一些有活性的酶，已鉴定出数千种酶，其中百余种可以制成商品出售。

生物的遗传与变异

常言道：“种瓜得瓜，种豆得豆。”这句话反映了亲代与子代之间在形态、结构、生理功能上的相似性，这就是遗传现象。染色体是遗传物质的载体，神秘的遗传物质叫脱氧核糖核酸，即DNA，亲代把遗传物质传给子代，保证了该物种的稳定性，生命得以延续。

▲ 现代的DNA双螺旋结构模型

自然界生物同类间有相似性，也具有不同程度的差别，即便是同卵双胞胎，也不能完全一样，我们称生物个体间的差异为变异。变异有两种形式：一是渐变式，一是爆发式。生物的变异特性，使生物体能够产生新的性状，形成新的物种，从而形成生生不息、气象万千的生物世界。

造福人类的基因工程

基因库的研究

应用脱氧核糖核酸重组技术，可以将各种生物体的全部基因组的遗传信息，贮存在可以长期保存的稳定的重组体中，以备需要时应用。这就像保存在图书馆中的各种文献信息一样。人们称这些遗传信息为基因文库。

基因文库中必须包括该生物的全部遗传信息，基因文库的建立包括4个步骤：

1.DNA片段的制备；

2.DNA片段与载法相连接形成重组体；

3.将重组体引入细菌细胞体；

4.用分杂交、DNA序列测定等方法加以筛选及鉴定基因组。

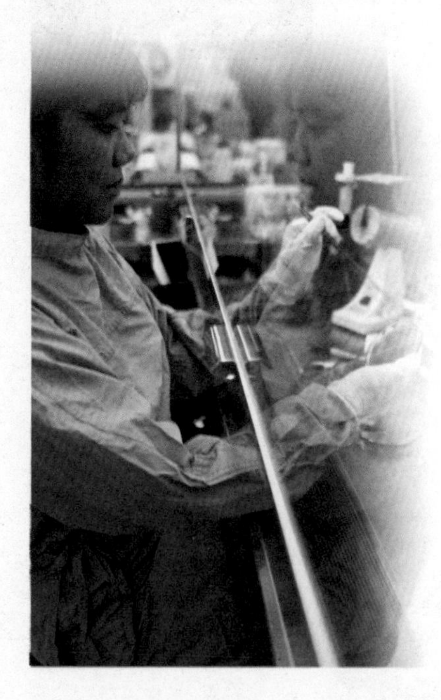

基因工程与生物新品种

现代基因工程为创造生物新品种开辟了广阔的天地。利用物理或化学因素处理动植物，使其基因发生变化，可以产生新的动植物品种。青霉素是一种常用药物，原来青霉素的产量不高，难以满足人们的需要。后来用X射线照射青霉素产生菌而培育成青霉素高产菌，将青霉素的产量提高了将近1000倍。用同样方法处理卡那霉素、庆大霉素、链霉素等，都取得了很好的效果。

基因工程还能将人们需要的优良基因分离提纯，然后转移到动植物体内。在农业上能培育出高产、优质、抗病的新品种。基因工程虽然还不能完全代替传统的育种方法，但它可以在动植物之间取长补短，创造出超出自然并且对人类有益的生物新品种。

▲ 生物技术培育的西红柿品种

复制生命的克隆技术

“克隆”一词，是“无性繁殖”的英文单词“clone”的音译，原意是指植物的幼苗和嫩枝进行无性繁殖，比如把一根雏菊的枝条切成几段，分别种下后就可以长出几株雏菊。这种无性繁殖方式不仅在植物界存在，而且在微生物和低等动物中也存在着。生物学家曾一度认为高等动物不会产生无性繁殖现象。1997年3月，克隆羊“多利”的诞生，标志着人类在生物学研究领域已经打破了这种不可能性，它说明动物细胞与植物细胞一样具有全能性。

随着克隆羊“多利”的诞生和传媒对“克隆”技术的宣传，人们开始从多方面展望克隆技术给人类带来的美好前景，它对于药物学、免疫学、人的寿命等都有不可低估的作用。有人设想用自己的细胞克隆成一个胚胎，将来用于替换自己的某个病变器官，还有人要把克隆技术用在大熊猫等珍稀物种上面，来挽救它们的灭绝。

神通广大的微生物

微生物与酶工程

酶工程是近20多年来发展起来的一个新的应用技术，是指人们在一定的生物反应装置内，借助某种工艺手段，利用酶的催化作用，将相应的原材料快速高速地转变为人类所需要的产品。生物体内进行的一系列生物化学反应都是在酶的催化作用下完成的，没有酶，生物体的新陈代谢不能进行，生命活动就会停止，微生物也不例外。

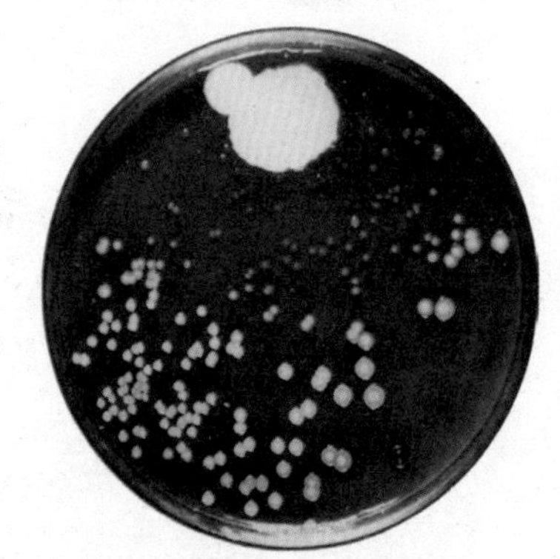

弗莱明第一次看到的生长有青霉素的培养皿 ▶

科学家们经过研究发现，几乎所有的酶都可以在各种不同的微生物中找到，而且微生物具有繁殖快、产量高的特点，利用微生物制造酶制剂，设备简单，生产过程便于控制管理，现在微生物已经成为酶制剂的主要原料。有了足够的酶制剂，就可以利用酶工程制造出各种各样的适合人类需要的生化产品。可以说，微生物已经给人类带来了不可估量的巨大价值。

微生物“化工厂”

将自然界中各种各样的微生物，通过基因工程培育出工程菌，然后再由它生产出化工产品，这种生产技术称为生物发酵工程，是利用微生物装备起来的“化工厂”，它使具有数百年历史的传统化学工业相形见绌。

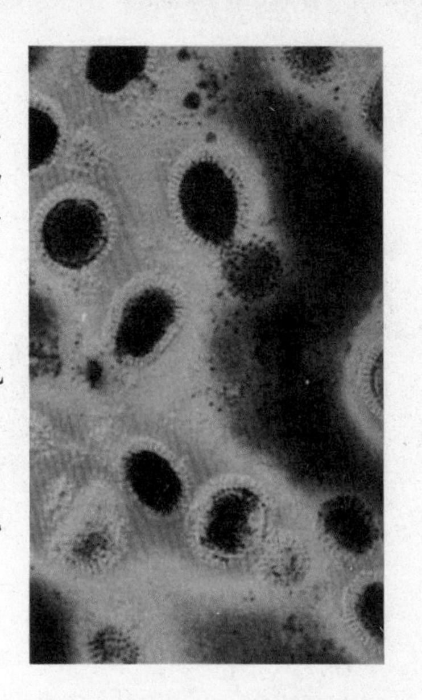

酒精工业是最先建立起来的化学工业之一。现在人们把霉菌淀粉酶基因移入大肠杆菌中，把纤维素分解为葡萄糖；再把淀粉酶基因转移到酵母菌细胞内，使酵母菌直接利用淀粉生产酒精。这种方法比化学方法生产酒精节省60%的能源，生产周期也大为缩短。

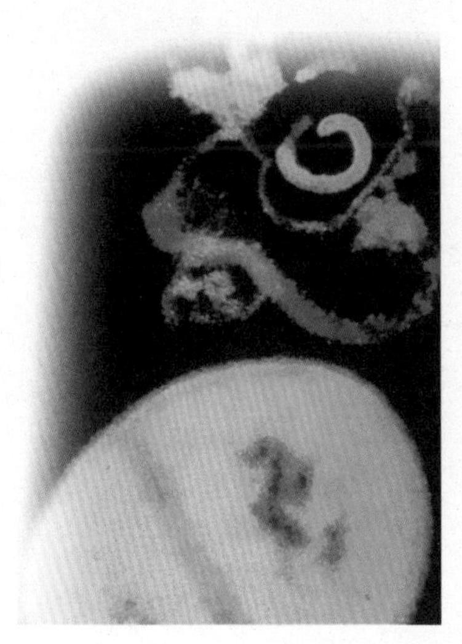

此外，现在世界上90%的柠檬酸也是用一种叫黑曲酶的微生物发酵淀粉生产出来的。丙酮、丁醇等重要的化工产品用微生物发酵法生产也日益增多。美国、日本的基因工程师正努力将蚕丝的基因移植到大肠杆菌中，然后让大肠杆菌在发酵罐中发酵，最后在发酵罐中捞取蚕丝。到那时，传统的缫丝业将会彻底改变面貌。

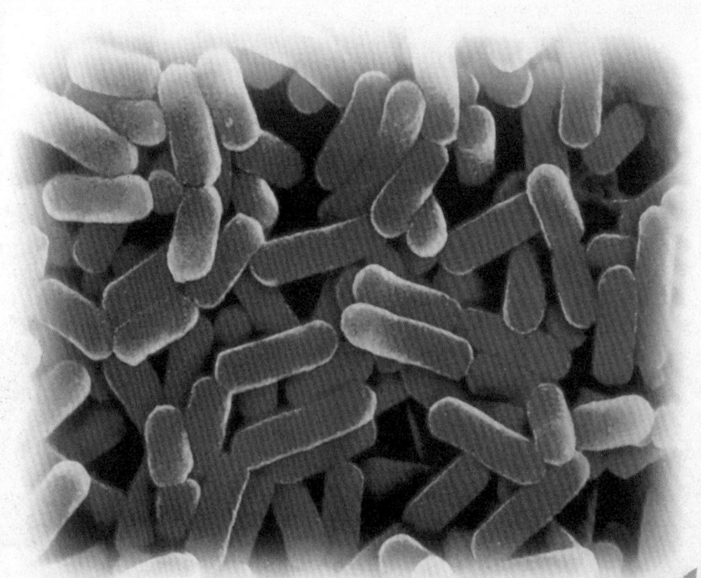

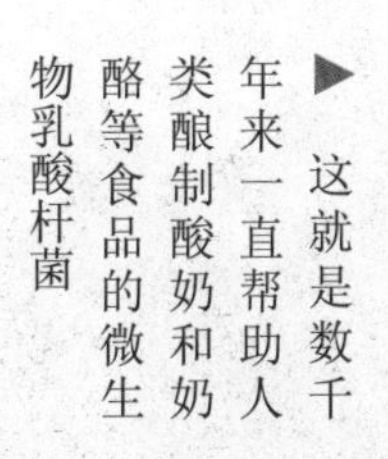

▶这就是数千年来一直帮助人类酿制酸奶和奶酪等食品的微生物乳酸杆菌

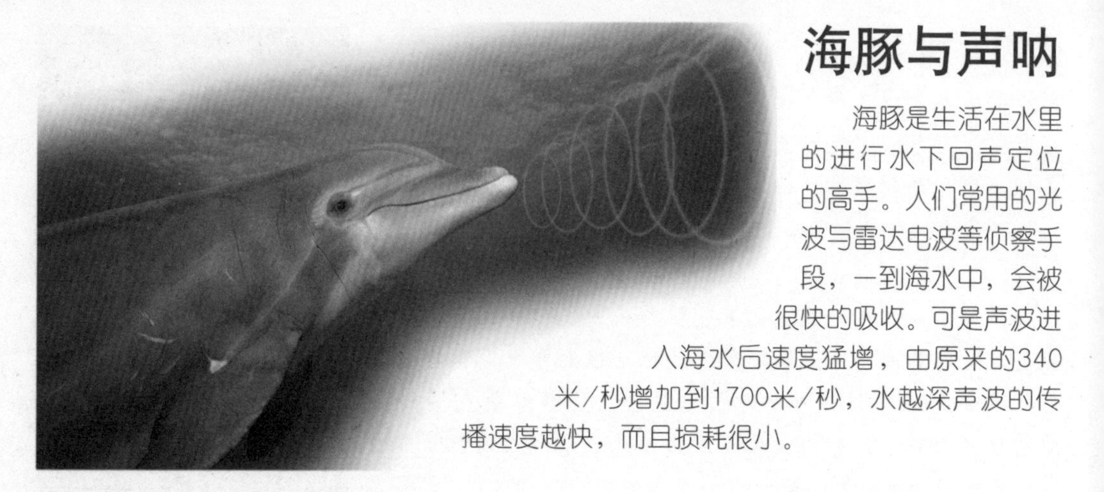

海豚与声呐

海豚是生活在水里的进行水下回声定位的高手。人们常用的光波与雷达电波等侦察手段，一到海水中，会被很快的吸收。可是声波进人海水后速度猛增，由原来的340米/秒增加到1700米/秒，水越深声波的传播速度越快，而且损耗很小。

海豚由头部气囊系统发出声音后，靠着一副特别灵敏的耳朵，能准确地接收水中的振动波。根据海豚的回声定位原理和声波的特性，人们研制了回声定位仪，即声呐。声呐是现代舰船的基本装备，是卓越的“水下侦察兵”，称为水下“顺风耳”、“千里眼”。据统计，“二战”期间双方损失的潜艇大部分都是声呐发现的。

电子蛙眼

青蛙捕虫的本领很大，很大程度上得益于它有一双精确的眼睛。科学家研究发现，蛙眼中有四种神经细胞，就像四种检测器，它们的形状、大小、功能各不相同。青蛙在这四种神经细胞的作用下，能把一个复杂的图像分解出几种容易辨认的特征，然后传至脑中，综合过后，就能看到完整的图像。

人们根据蛙眼的视觉原理，已研制出能准确无误地辨识生物体形状的电子蛙眼。雷达上装上电子蛙眼后，就能够快速准确地判断出特定形状的飞机、舰船和导弹等。电子蛙眼还广泛地应用于机场和交通道上，用来指挥交通和防止事故的发生。

企鹅与极地越野车

企鹅世代在南极冰原上生活，它们在特殊情况下能在雪地上滑行，速度可达30千米/小时。企鹅之所以能滑行，是因为它们有肥大的肚皮。它们将肚皮贴在雪地上，并快速地蹬动双脚便可滑行。

普通的车子开到雪地里，基本上只能原地打转，根本无法前进。人们由企鹅的滑行得到启示，设计制造了极地越野车。它用宽阔的底部贴在雪地上，用转动的轮勺扒雪前进，时速可达50千米。这种极地越野车，还可以在泥泞地带快速行驶。

人脑与智能导弹

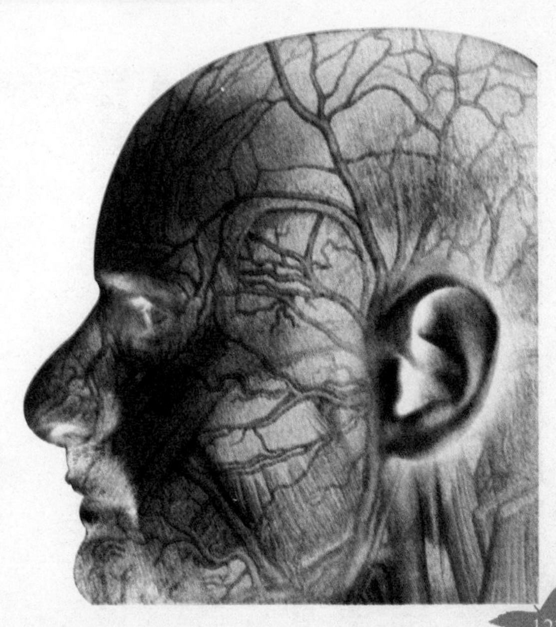

近年来随着人工智能科学的发展，人们研制出了人工智能导弹。这种导弹具有自己进行“观察”、“思考”、自动寻找目标的功能。智能导弹内安装了仿人脑的人工智能微型电子计算机和图像处理装置。它把从导弹视觉传感器得到的图像同数据库里的图像进行比较，分辨出敌我和选定攻击目标。

随着军事仿生学的发展和电子计算机技术的进步，将来的导弹还能听人的语言，待发状态的只要听到人的命令，便会迅速飞向指定的打击目标。

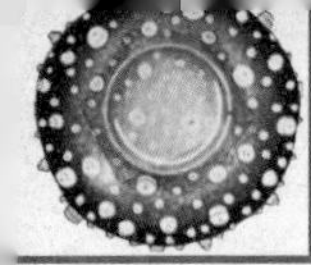

激光诊病原理

一个正常的健康人，其体内的各种组织和体液是有规律进行活动的，如果将激光作用于这个人的身体，就可形成一种光谱，反映人体活动的正常规律。一旦这个人的体内组织及体液发生病变，光谱上原有的规律就会被打破，医生就可以诊断出他的病。除此以外，激光还可直接用来观测人体血液或其他微量元素，从而准确鉴别疾病。

目前激光用于临床诊断主要有5种方法。一是自体荧光诊断，直接测量人体微量元素含量；二是盐荧光法，主要用来诊断恶性肿瘤；三是全息术，用来测量各类病变的动态变化；四是拉曼散射法，通过激光光谱分析各种各样的病变；五是激光刺孔，用来抽血化验。

▲ 激光手段改变染色体，进行基因重组

▲ 电子显微镜下土壤里的细菌

▲ 激光手术可为制药业提供新的手段

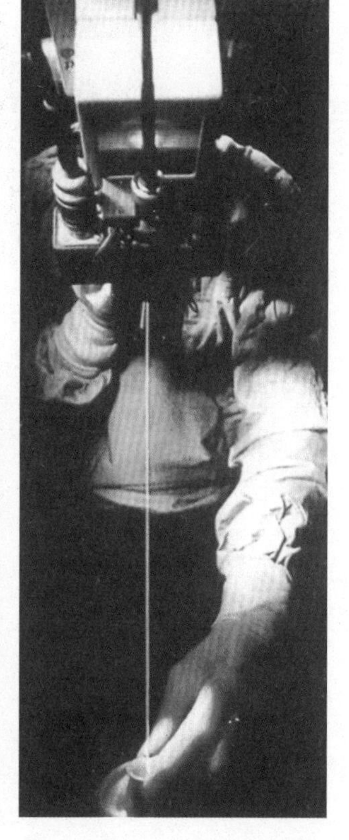

▲ 外科医生正在用激光束为患者做手术

超声显微镜

超声显微镜对超声波的强度要求比较高。在超声波频率达到了万赫兹、波长为0.5毫微米的时候，超声波显微镜的分辨力比较强，能分辨出0.5毫微米的东西。这种高强度的显微镜对于医学工作者研究生物组织的细节和诊断疾病是很有用的。

目前超声显微镜只是刚被用于医学病变细胞观测和诊断，将来它将被更广泛应用于医学上。随着对人体内部细胞观测的更加精确，医学诊断也会取得更大的发展。

CT检查

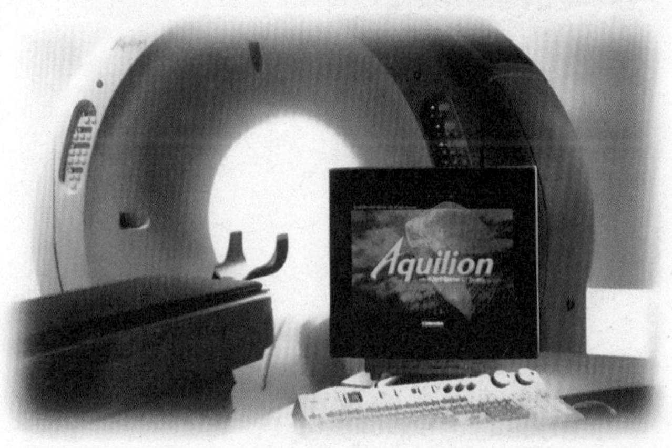

▲ “Aquilion”型CT扫描仪

CT是一种进行全身组织检查的仪器。检查时患者躺在一个可以活动的容器内，接受各种不同仪器的照射，来检查身体的病情。

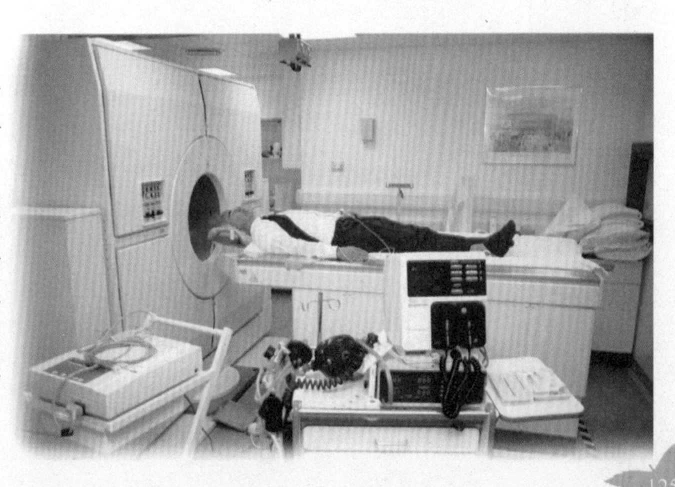

CT机是根据超声界里面反射原理，利用超声波能穿透人体的特性，对人体进行周身照射。超声CT可以分为两类，一类是透射式，可以得到两种图像，通过分析比较来判断疾病；一类是反射式，只能得到一种病变后的图像，根据现有的医学经验，判断出疾病的类型。

神奇的X射线

现在医生不用为病人开刀，也能看到骨头上最细微的裂缝，还能判断出肿瘤是良性或是恶性。这些都有赖于X射线。X射线的发现，带来了这种新的透视人体的方法。

X射线能穿透皮肤和肌肉，但穿不透密度较大的骨骼，遇到骨骼，它将被反射回来。放射科专家通过观察X射线的底片，不仅能诊断骨折、肿瘤、龋齿等病，甚至能看出像肺积水一类的骨外疾病。

▲ 居里夫人制作的第一部放射性监测仪器

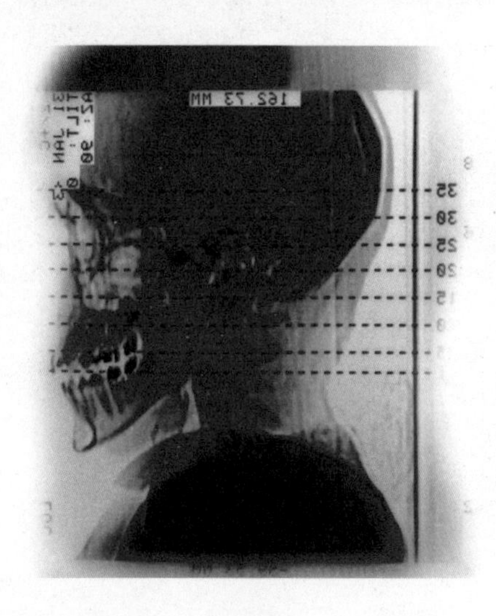

◀ X光下的人脑

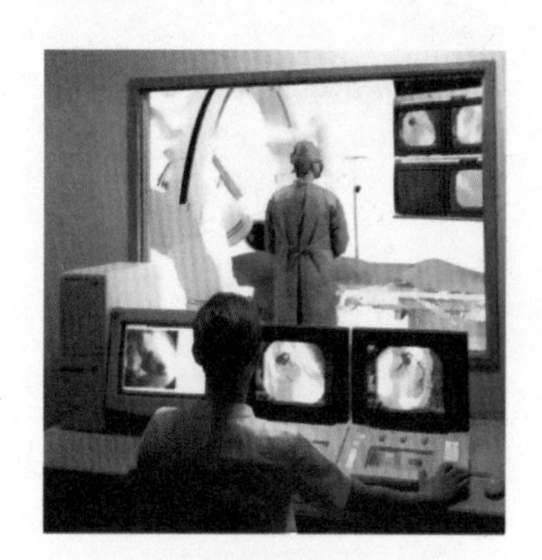

X射线诊断系统 ▶

计算机诊病

用来看病的计算机外表同普通计算机一样，但是它在使用以前，已经把许多先进的诊病经验和相关资料都输入到计算机内，然后进行数学处理，建立数学模型，存人存储器中。当病人来诊病时，只要输入这位病人的资料，计算机就会根据病人的症状在很短的时间内做出诊断。它甚至可以将药剂量、疗法、病假条一起由打印机打印出来，交给病人。

有的计算机还可以为病人建立病历档案，当病人下一次看病时，它会综合病人的情况，作出更好的治疗方案。

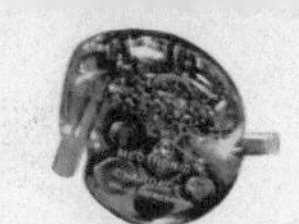

妙手回春的治疗方法

神奇的激光手术

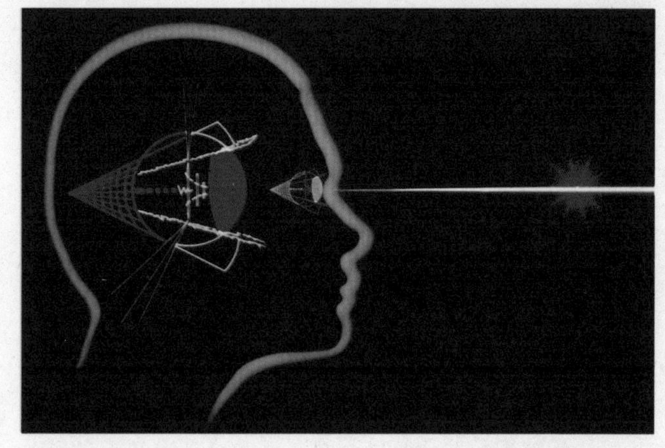

我们知道太阳光照到人身上会感觉到暖和。激光也是光的一种，我们把波光单一、方向性好的激光聚焦于人体的某一部位时，高温会使人体局部组织和细胞产生变化，激光手术刀就是运用热效应切开人体组织施行手术的，激光手术温度可达800℃～1000℃。目前常用的有二氧化碳激光手术刀、氩离子激光手术刀、组合式激光手术刀等几种。激光手术刀切割时出血少、凝固时止血快、不易损伤人体组织，它将代替金属制造的手术刀。

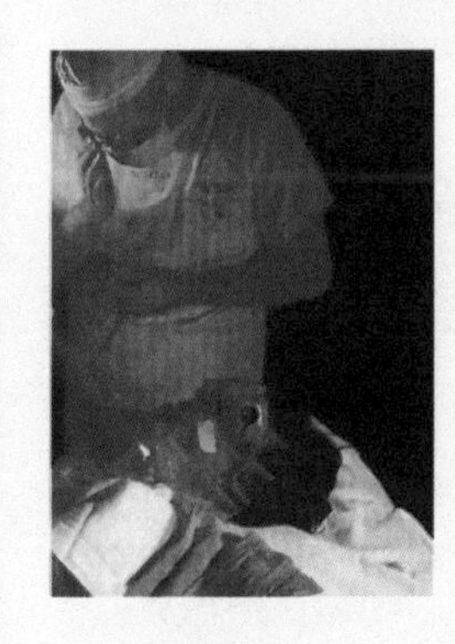

除了激光手术刀用于医疗之外，还可以利用激光的光效应治疗肝病、利用激光的金磁效用调整病的生理活动、利用激光打孔治疗白内障、青光眼等。

利用激光对细胞进行探测和研究，通过对细胞的分割、移植、打孔等来研究人体的疾病，并最终攻克疾病，这也是激光在医学应用上的新方向，被称为激光细胞工程。

超声波在医疗上的应用

人们利用超声波高于2万赫兹的频率产生的生物效应来治疗疾病，取得了很好的效果。当超声波作用于人体时会产生三种生物学反应：一是热效应；二是机械效应；三是客化效应，能产生会破裂的气泡。

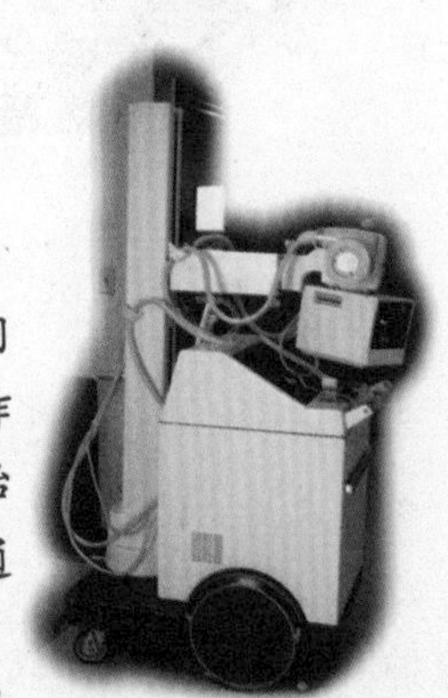

超声理疗是常用的超声治疗，它利用超声的声压作用，在体内组织、细胞内形成局部高温和波流，达到按摩的效果，具有医疗的作用。超声波还可以进行破坏、脱落或吸出人体某部分组织，以达到治疗的效果。超声波雾化治疗是指将药液雾化喷出，以便患者吸收，通常用以治疗哮喘、咽喉炎、肺炎等呼吸系统疾病。

另外，超声波还被广泛应用于结石治疗，利用超声波来粉碎结石，效果显著，减轻了病人痛苦。

用核素治疗癌症

放射性的核素，除了可以诊断疾病，还可以治疗疾病。核素治病，主要利用核素对人体细胞和组织的破坏作用。放射线核素可以发射α、β、γ射线，当射线的强度和数量达到一定值时，便会对人体细胞形成破坏作用。

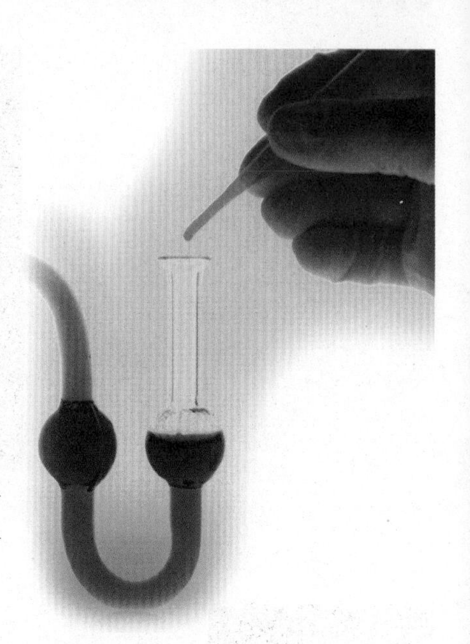

核素的这种性能，现在被用于治疗癌症和肿瘤疾病，主要方法有贴敷法、腔内照射法和体外照射法，但是这些方法也会伤害人体正常的组织和细胞。科学家们根据不同的肿瘤组织和病况，相应采取不同的放射性核素治疗方法，往往能达很好的治疗效果，对人体的正常组织也不会造成太大的伤害。

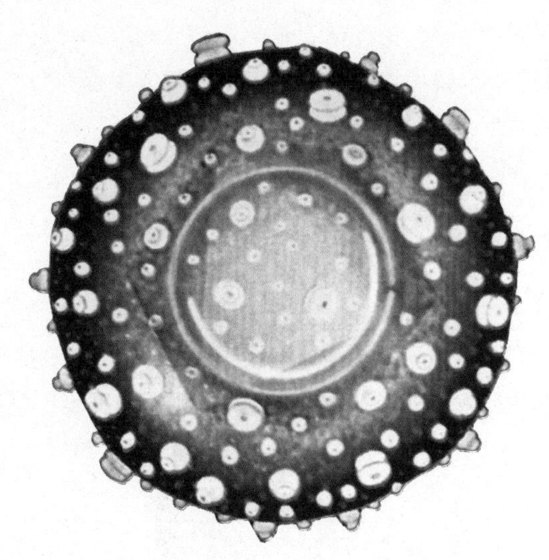

▲ 丙肝疫苗

病毒的克星——疫苗

可以致病的病毒有很多种，如呼吸道病毒、肝炎病毒、狂犬病毒、血热病毒等。病毒可以通过呼吸道、皮肤、血液很多途径进人人体，导致各种疾病的产生。对于病毒引起的疾病，目前还缺乏理想的治疗药物，预防是重要的措施，而其中疫苗的使用又最为有效。疫苗使很多病毒传染病的发病率大幅度下降，甚至绝迹，牛痘疫苗接种治疗天花就是一个很好的例子。

目前制成的疫苗主要有牛痘疫苗、脊髓灰质炎活疫苗、麻疹疫苗、脑炎疫苗、乙肝疫苗、狂犬疫苗等。疫苗的目的是激发人体内生成相应的免疫力，以防止发生相关的病毒感染性疾病。

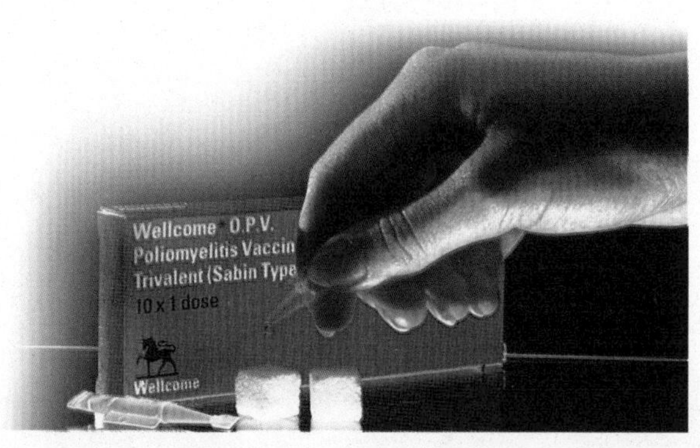

高科技医用材料

随着科技的发展，在医学上出现了一系列新型高科技材料，为保障医疗效果做出了显著的成绩。

高分子材料主要包括医用橡胶和医用塑料，分别用于制造人工肌腱、各种假体以及医疗器械。

医用陶瓷材料主要用来制造假牙、人工关节和医用器材，制造假牙是其中应用最广泛的一种。

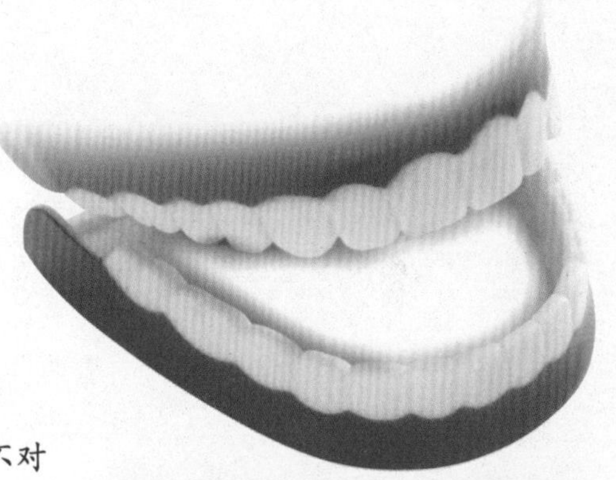

医用金属材料是指直接与人体接触但又不对人类造成危害的金属或合金材料，主要有铬镍不锈钢、钛及钛合金、钛铬合金，此外还有一些稀用贵重金属，金属材料主要用于骨科、口腔科。

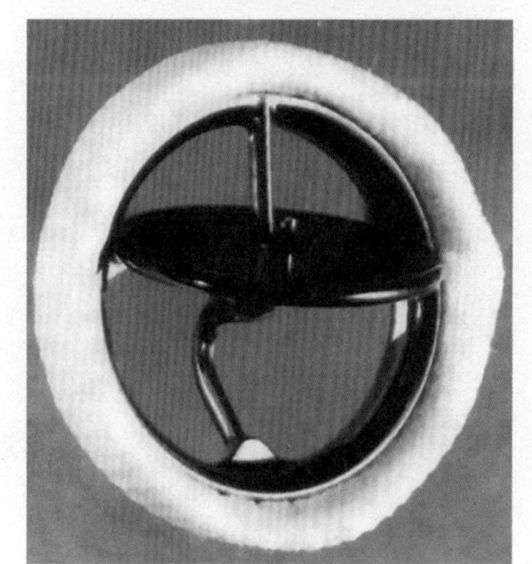

医用碳素材料在医学上使用也很普遍，由于它质量轻、性能稳定，几乎可以制造任何人工器官，包括人造骨、关节、血管、心脏瓣膜等。

人造血液

人造血液实质上是一种由全氟碳化合物组成的胶体超细乳剂，可以输入人体，在一定时间内当血液使用。由于它是白色的，所以人们称它为“白色的血液”。

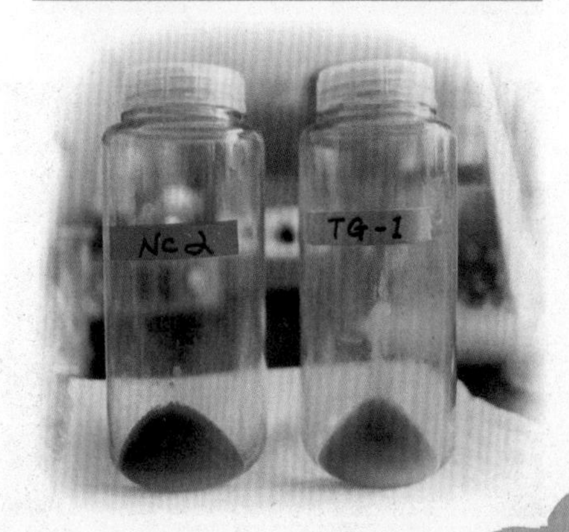

人造血液是1966年美国医学家克拉克无意间发现的。现在所说的人造血液有血浆代用品和血液代用品两种，只有血液代用品可以完全代替血液，保障人体的生命安全。

人工心脏瓣膜

▲ 人工心脏

心脏瓣膜是心房和心室之间的瓣状组织，它使血液由心房流向心室而不许返流。如心脏瓣膜损坏，血液就会从心室返流心房，血液循环遭到破坏，就会危及人的生命。

人工心脏瓣膜正是为了避免心脏瓣膜的损坏造成血液返流而设计制造的，它能使心脏恢复正常的工作。人工心脏瓣膜一般采用碳素材料制成，质量轻、机械性能好，代替病变瓣膜行使血液开放和阻截的功能。

人工心脏瓣膜可以在人体内长期使用，它对于维持人体的正常生理功能提供了保障。

人工关节

当人的关节受到损坏或发生病变时，活动就要受到限制。为了使损坏关节的人能恢复正常的活动，医学家们研制出了人工关节，代替受损或病变的关节。

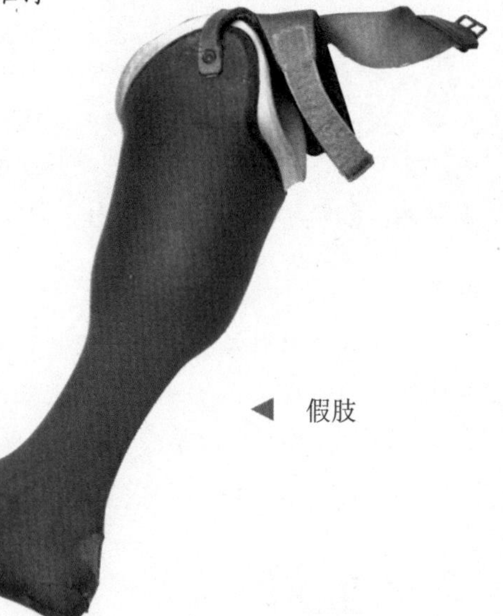

◀ 假肢

X光下的人工关节

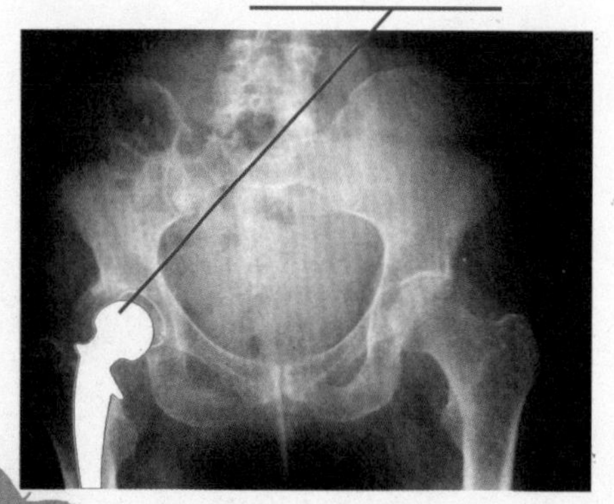

关节是由关节囊、纤维层、滑膜层、关节胫等部分构成，富有弹性和稳定性，能够伸屈多种运动。医用碳纤维所具有的各种优良性能使它可以制造人工关节，并且其功能和效用与人体本身关节很接近、相似。由于它的表面能制成一定的空隙度，因此可以与人体组织长成一体。人工关节的研制还处于一个上升的阶段，不管哪种材料的人工制品，都不能绝对做到完全符合正常关节的运动规律。

人造皮肤

人的皮肤具有保护、感觉、分泌、排泄、呼吸等功能，一旦受到破坏和损伤，不仅影响美观，还会危害人的健康。人造皮肤就是一种很好的替代品。

现在人造皮肤的材料来源主要有两种：一种是生物高分子材料，主要来源于动物或人的皮肤、羊膜或腹膜，这些是人造皮肤的主要来源；另一种是合成高分子材料，如聚氨脂、聚乙烯醇等制成的薄膜或海绵，也有尼龙等制成的丝绒片。薄膜海绵往往与丝绒片共同使用。

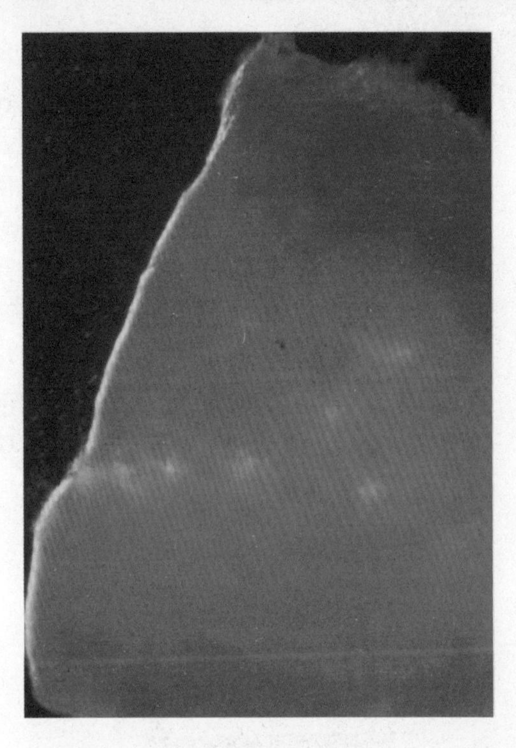

人造皮肤是由一块真皮经过再生形成的 ▶

血液净化器——人工肾

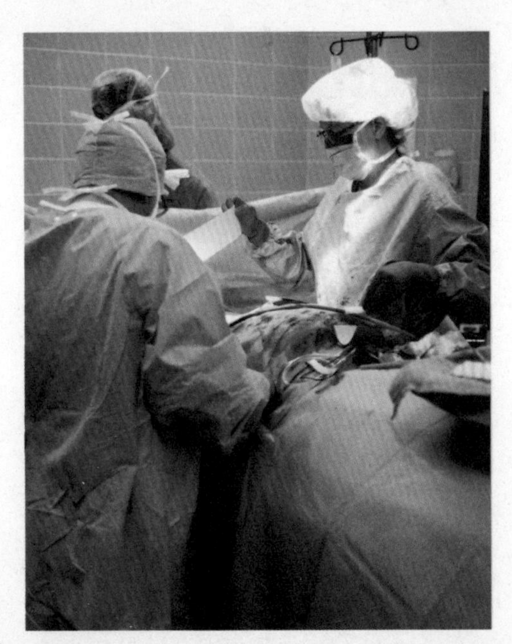

人工肾是在肾脏发生疾病，功能衰竭后，代替肾脏清除体内多余的水分和代谢物、净化血液的一种仪器。人工肾对血液的净化不像其他人工装置一样在体内发生作用，人工肾是在人体外进行工作的。它是由主机、透析器、供水系统三部分组成，其中透析器是主要部分。

人工肾工作时，把病人的血液和透析液引入透析器，通过透析器加工，清除血液内的有害物质，同时补充肌体所需要的物质。主机用于控制血液流量、配制特定析液，供水系统负责净化水并送往主机。这样一个循环事实上代替了人体肾脏的功能。

现代医疗康复工程

医疗康复工程是康复医学的一部分，专门研制康复医学中需用的各种器械设备，包括各种假肢及矫形支具、锻炼设备及残疾人用的生活用具等，它与工程和生物医学紧密相联，它借助于生物医学的理论、材料和方法，研究人体的生理构造及环境的控制调节，为人体提供能改善、补尝和替代人体器官的装置，为病残者的生活自理、劳动、娱乐等创造条件。

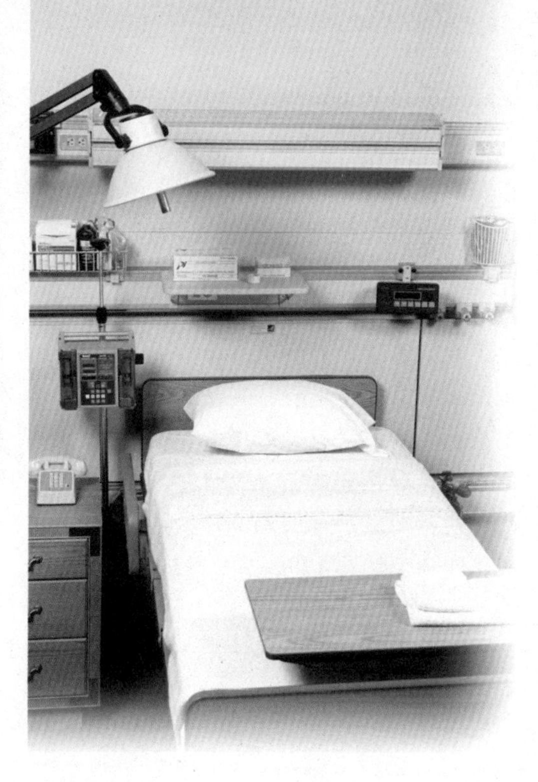

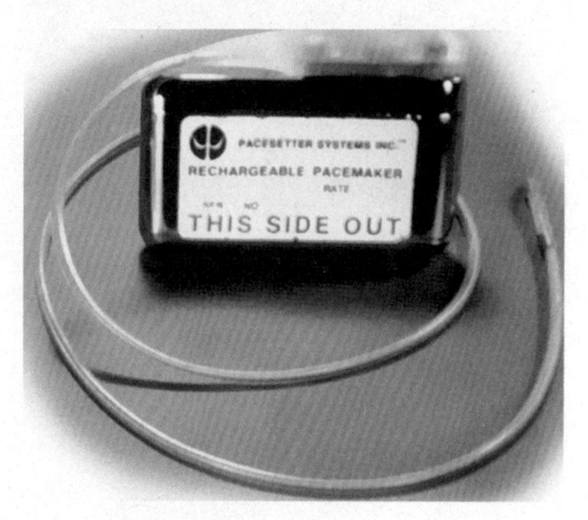

各种各样的医疗康复器械

心脏BP机

心脏BP机由康复医疗中心提供，实际上是家庭健康保护的一个环节，它可以对病人的心脏功能进行监测，一旦发现病情，便马上报警，使病人或病人家属立即与医疗中心取得联系 ，以保证病人的安全。

目前，心脏BP机的种类很多。有能直接向医疗中心发送信息的实时发送器；有连续向医疗中心发送心电信息的循环记忆心电发送器；还有的可以将心脏监测报警功能与电话传送结合起来，一旦心律不齐，仪器马上报警并记录心电。

助听器与电子耳

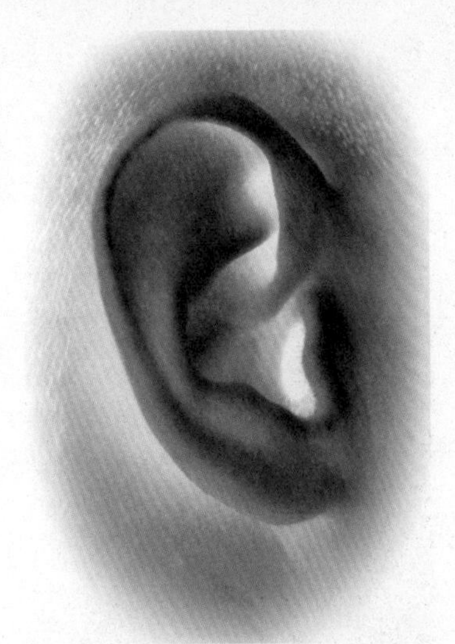

耳聋者分为两种：一种是传导性耳聋，一种是感音性耳聋。传导性耳聋可以通过手术或佩戴助听器提高或恢复听力，感音性耳聋要用最新研制的电子耳来治疗。

电子耳蜗是以人工装置代替耳蜗中听细胞的功能。它先将外界的声音转化成电能，变成电信号，电信号传到神经纤维，最终使患者听到声音。

电子耳和助听器的研制给耳聋患者带来很大福音。

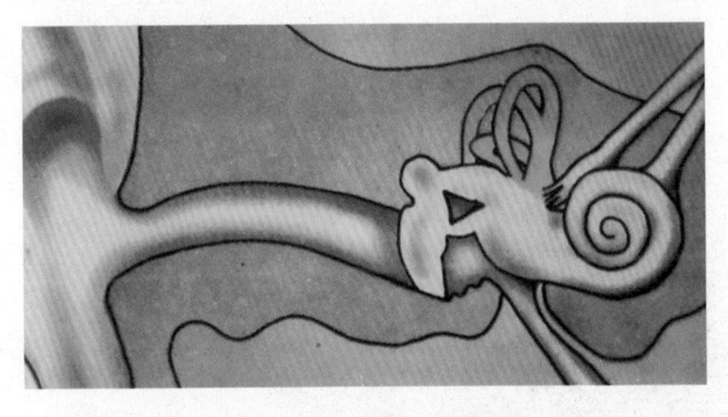

▲ 这是人的中耳内部构造的剖面图

助听器是一种微型电声变换装置。它能扩大外界音量，使之传到耳朵，提高听觉衰退者的听力。助听器较多的是盒式，也有耳背式和耳内式，戴眼镜的人可以采用镜架式。

还人清晰世界的隐形眼镜

隐形眼镜又叫角膜接触镜，是一种将透镜置于角膜上，对屈光不正起矫正作用的眼镜。它没有镜架，直接戴在眼球外部，不易被人发现。隐形眼镜有软镜和硬镜之分。

硬镜无亲水性，刚戴上时有异物感，离子不能自由渗透，会影响角膜的正常代谢；软镜具有亲水性、渗透性、组织稳定性和相容性等优点，但对200度以上散光的矫正效果不如硬镜，更不如普通的眼镜。

隐形眼镜最适用于高度近视、远视、屈光参差者，以及演员、运动员等职业者，并不是所有的人都适合戴隐形眼镜，年幼者、角膜炎患者等不适合佩戴。

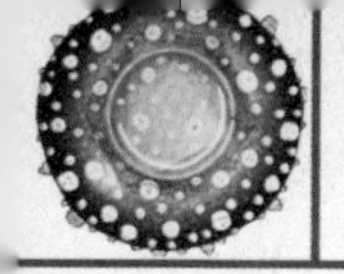

导盲眼镜

导盲眼镜与一般眼镜不同，它的镜框中心是一部极小的超声波发生器，镜框两侧则是超声波回波接收器，所以从实质上讲，导盲眼镜就是一部障碍物感应发生器，它采用了超声波的反射原理。

盲人在行走时，如果身体某一侧有障碍物，两侧接收器得到的回波就不是同时的，镜框里的其他装置就判断障碍物的位置和距离，提示盲人避开障碍物。

导盲眼镜的研制及使用，大大地提高了盲人的生活自理能力，他们可以比较自由地到达目的地，而不至于磕磕绊绊。

科技兴则社会兴，科技衰则社会衰。中国人民创造了辉煌的古代科技文明，也同样创造了骄人的现代科技成果。从生物技术到航天科技，从原子反应堆到能源交通，中国都有大量处于世界先进行列的科技硕果。

奇趣科技

华夏科技硕果

影响人类文化进程的四大发明

中国四大发明包括指南针、造纸术、印刷术和火药，四大发明大大推进了世界文明的发展进程，是中国人民为人类发展作出的巨大的贡献。

指南针

战国时候，人们便开始使用一种用天然磁石制成的定向仪器——司南，又叫指南针或罗盘针，勺柄指南，勺头指北。直到北宋时发明了人工磁化的方法后，指南针才得到了广泛的运用。指南针的发明推动了航海事业的发展，它对明朝郑和下西洋以及15世纪麦哲伦、哥伦布等人的航海大发现，都有举足轻重的影响。

▲ 蔡伦像

造纸术

我国古代直到西汉时期，人们都是在兽骨、竹简或布帛上写字。在东汉元兴元年，即公年105年，蔡伦在总结前人经验的基础上，用树皮、破鱼网、破布、麻头等作原料，制成了适合书写的植物纤维纸，纸逐渐成为普遍使用的书写材料。造纸术最先传入朝鲜，后来又传入日本，8世纪时传到阿拉伯，到12世纪，欧洲人才开始仿效中国造纸。

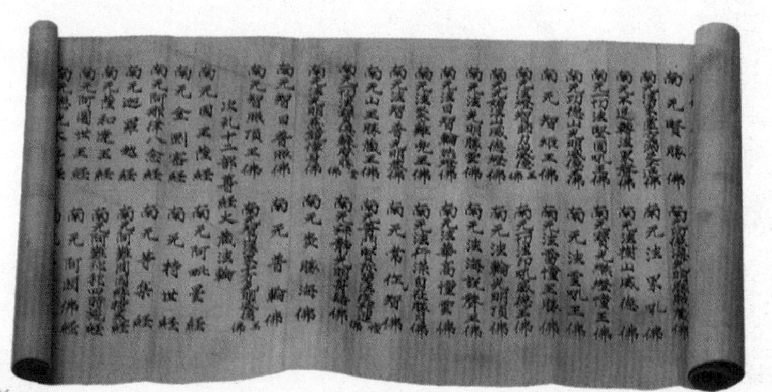

◀ 唐代的纸，长100.7厘米，宽25.9厘米

印刷术

印刷术开始于隋朝的雕版印刷，经宋仁宗时毕昇的改进完善，产生活字印刷，并由蒙古传到欧洲，为知识的广泛传播交流作出了贡献。毕昇用胶泥做成一个个长柱体的单个活字，然后将活字按文章内容依次排好，放入铁框内进行印刷，印刷后活字可以循环使用。

▲ 毕昇像

▲ 泥活字版(示意模型)

火药

火药也是我国四大发明之一，它是由硝石、硫黄、木炭三种物质按一定比例混合而成。最早在道家炼丹过程中发现，唐时用于军事。公元13世纪传到波斯、印度、阿拉伯，后又传入欧洲，促进了世界工业、军事的发展。

▲ 炼丹引爆图(国画)

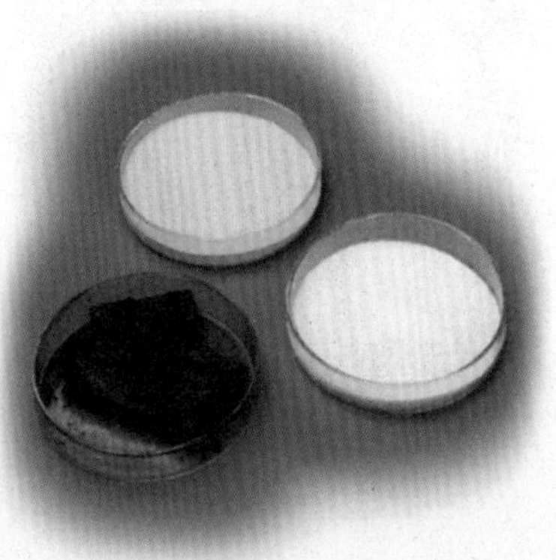

▲ 硝、硫、碳(标本)

神奇的针灸

针灸治病是中国古代医学的一项重大发现，它可以预防和治疗多种疾病，治疗效果显著，操作简便。针灸治疗方法一直具有一种神奇的色彩，现代科学无法解释其中的奥妙。中国古代的经络学认为：经络遍布于人体，担负着运送全身气血，沟通身体各部的功能，经络干线为经脉，支线为络脉，更小的支线称为孙脉。穴位是经络系统的控制机关，刺激穴位就可以调节全身的经络、气血的运动，达到治病健身的功效。

目前针灸学已经走向了全世界，还增添了许多新的疗法，如电针、耳针、磁穴疗法、针刺麻醉等，成为人类战胜疾病的有力武器。

世界上最早的天文仪器

中国古代天文学家创造的圭表、浑仪、浑象等天文仪器，是世界上最早的天文仪器。圭表是由圭(指示南北方向、平放在地面上的尺)和表(垂直于地面的杆子)构成，通过测量正午时表影的长度，来推断节气，指导农业生产。表影最长的一天是冬至，最短的一天则为夏至。

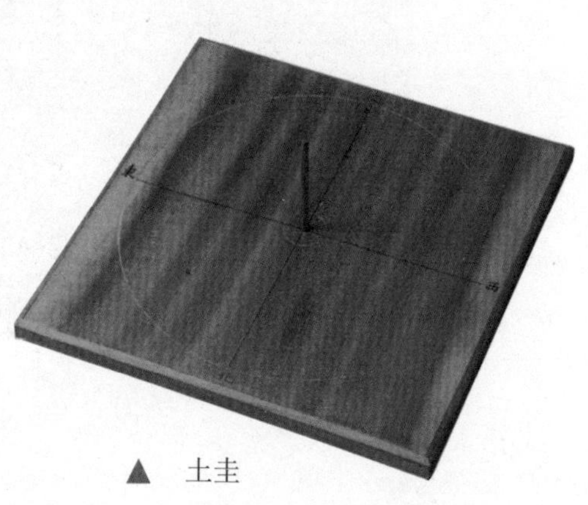

▲ 土圭

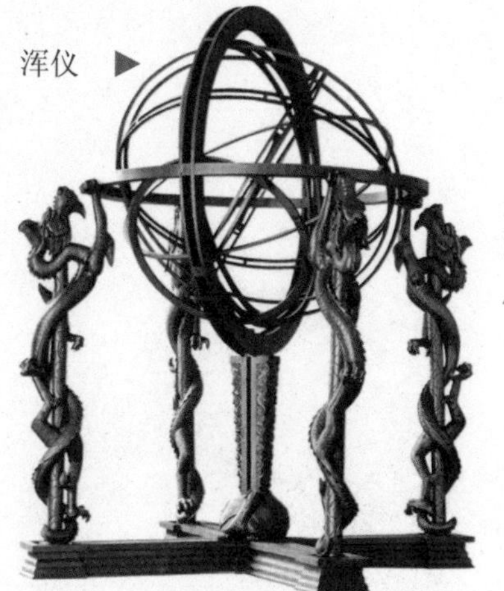

浑仪 ▶

浑仪是用来测量天体的位置和两个天体之间角度的天文仪器，最早出现在春秋战国时期。南京紫金山天文台的明代浑仪由望筒、转动装置、读数装置三部分组成。元代天文学家郭守敬对浑仪大胆革新，发明了简仪，它是世界上最早的大赤道仪，比欧洲早300多年。

◀ 浑象

浑象是由东汉科学家张衡发明的，又称为浑天仪，主要用来测定天体位置。它的基本构成是一个铜球安装在一根倾斜的轴上，轴与球有两个交点，代表南、北极，球上刻有二十八星宿和其他星辰，采用齿轮装置，带动浑象绕轴转动，与地球转动周期相同。

中国科技史的里程碑——《梦溪笔谈》

宋朝时，中国古代的科技水平已发展到了顶峰时代，杰出的科学家沈括记录总结了当时的科技成就，著成《梦溪笔谈》。

《梦溪笔谈》涉及军事、考古、数学、物理、化学、工程、生物、农业、医药等十分广阔的科学领域。其中有许多民间的能工巧匠和他们的智慧，还有反映木构建筑经验的《木经》、磁偏角的发现、“十二气历”等。

《梦溪笔谈》所记录的许多科技成就都列为世界第一。比如根据化石推断古代气候的变迁比西欧早400年；用流水侵蚀学阐明某些地貌的形成原因，比西方早700年；十二气历比西方早800年。

▲ 《梦溪笔谈》

于是，西方科学史家李约瑟称《梦溪笔谈》为“中国科技史的里程碑”。

原子弹与氢弹爆炸

▲ 原子弹爆炸产生的蘑菇云

原子弹与氢弹的威力有赖于核裂变或聚变的链式反应，爆炸时会产生强烈的冲击波、闪光、蘑菇云和巨大声响等。1964年10月16日，随着一声巨响，在罗布泊升起了一个巨大的火球，我国成功地爆炸了第一颗原子弹。原子弹的工作研究完成之后，研制人员立刻被转移到氢弹的研究上来，包括朱光亚、王淦昌、郭永怀、邓稼先、于敏等人。1967年6月我国成功爆炸第一颗氢弹，它的威力使400米外的钢板熔化，混凝土构件也被熔化，14千米外的砖房被震塌……

原子弹与氢弹的爆炸使西方国家感到非常震惊，中国成为继美苏之后第三个拥有核武器的国家。

辉煌的航天科技成就

运载火箭是目前人类征服太空的理想交通工具。1970年4月24日，中国第一颗人造卫星“东方红一号”由“长征一号”三级运载火箭发射成功，标志着中国已经掌握了液体火箭发动机高空点火技术、多极火箭级间分离及其稳定和自控技术。从此，发展了“长征”系列运载火箭。目前研制成功并投入运营的“长征”火箭有10多种型号，完全能满足国内外各种质量卫星的发射需求。“长征”系列火箭已成为享誉全球的运载火箭。

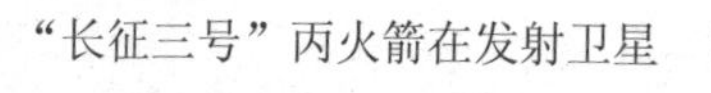
“长征三号”丙火箭在发射卫星 ▶

▲ “东方红一号”卫星

1970年4月24日，我国的“东方红一号”人造卫星在酒泉卫星发射中心发射成功。这颗直径约1米，重达173千克的卫星，是我国发射的第一颗人造卫星。其任务主要是为下一步发射卫星提供资源遥感、通讯广播、天气预报等信息资料，上面还播放了《东方红》乐曲。“东方红一号”卫星发射成功使我国成为继苏、美、法、日之后世界上第五个独立研制并发射人造地球卫星的国家。

2004年，中国正式开展了月球探测工程，主要分为三个阶段，即“无人月球探测”、“载人登月”和“建立月球基地”。

2007年10月24日，“嫦娥一号”探月卫星在西昌卫星发射中心由“长征三号甲”运载火箭成功发射。这是中国自主研制并发射的首个月球探测器。“嫦娥一号”将运行在距月球表面200千米的圆形极轨道上，主要用于获取月球表面三维影像、分析月球表面有关物质元素的分布特点、探测月壤厚度、探测地月空间环境等。

▲ “嫦娥一号”探月卫星发射场

“嫦娥二号”卫星是“嫦娥一号”卫星的姐妹星，于2010年10月1日在西昌卫星发射中心发射，主要任务是要获得更清晰更详细的月球表面影像数据和月球极区表面数据。“嫦娥二号”主要测试深空探测能力，成为第一颗直接从月球轨道飞向深空轨道的卫星。

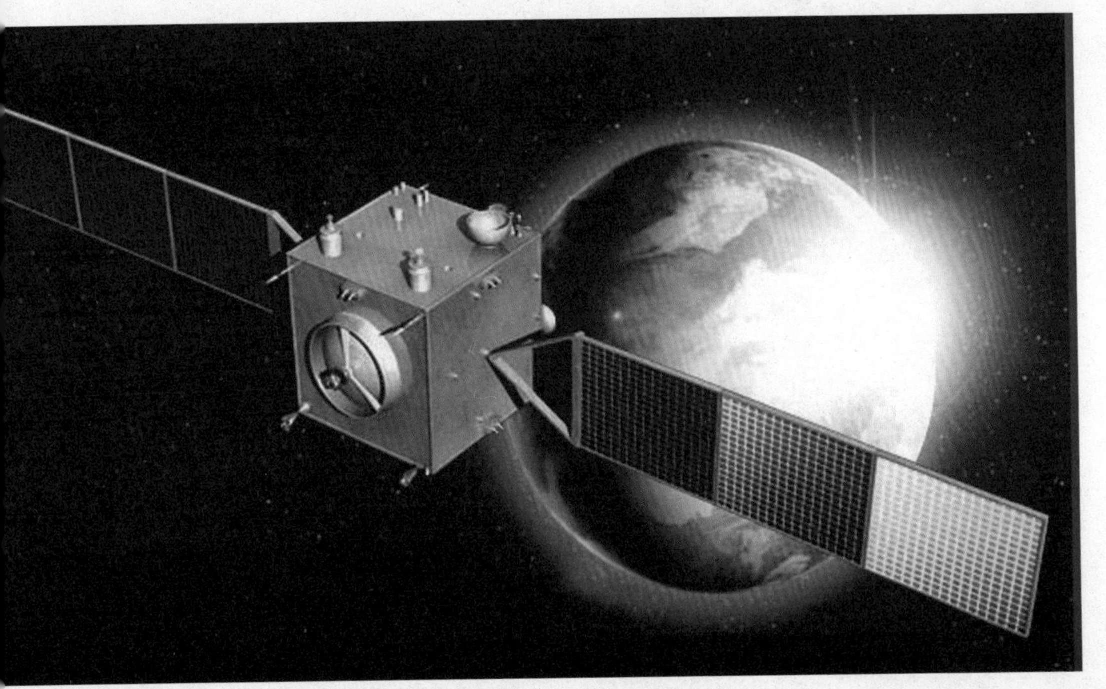

▲ “嫦娥二号”探月卫星

2003年10月15日，“神舟五号”载人飞船将航天员杨利伟送入太空。这是中国首次进行载人航天飞行，标志着我国成为世界上第三个独立开展载人航天活动的国家。2005年10月17日，中国第二艘载人飞船“神舟六号”载着航天员费俊龙、聂海胜进行太空飞行后顺利着陆。2008年9月25日，我国第三艘载人飞船“神舟七号”成功发射，三名航天员翟志刚、刘伯明、景海鹏顺利升空，并首次进行了出舱活动。2012年6月16日，我国第四艘载人飞船“神舟九号”成功发射，两名男航天员景海鹏、刘旺和一名女航天员刘洋顺利升空，展开对接“天宫一号”的工作。这是中国实施的首次载人空间交会对接。2013年6月11日，我国第五艘载人飞船“神舟十号”成功发射，飞行乘组由男航天员聂海胜、张晓光和女航天员王亚平组成，并首次开展了我国航天员太空授课活动。

▲ “神舟九号”载人飞船起飞

2011年9月29日，“天宫一号”在酒泉卫星发射中心发射。“天宫一号”是中国第一个目标飞行器和空间实验室，是中国空间站的起点。

“神舟九号”与“天宫一号”空中对接

中国第一批核电站

自从1954年6月苏联建成第一个核电站以来，世界上已相继建成几百座核电站。我国1970 年开始设计在浙江省海盐县建设第一座核电站秦山核电站，于1985年初动工，第一期工程装机总量30万千瓦。同时，在深圳市东60千米处的装机容量为180万千瓦的大亚湾核电站也开始施工，并分别于1991年和1992年并网发电。秦山核电站与大亚湾核电站采用的都是安全性最高的压水堆型，可谓万无一失。

核电站优点很多。同样发电100万千瓦，火电站需要300万吨燃料，而核电站只需要30吨核燃料(一般是铀)。而且核电站污染小，非常清洁，发电效率非常高。

高速铁路

高速铁路简称“高铁”，是指通过改造原有线路（直线化、轨距标准化），使最高营运速率达到不小于每小时200千米，或者专门修建新的“高速新线”，使营运速率达到每小时至少250千米的铁路系统。中国营运高速铁路里程世界第一，已达1.3万千米。有京津城际铁路、京沪高速铁路、京广高速铁路等多条高速铁路，已形成了“四纵四横”的客运专线网。

高速铁路有很多优势。速度是其技术水平的最主要标志，以北京至上海为例，在正常天气情况下，乘飞机的旅行全程时间为5小时左右，如果乘高速铁路的直达列车，全程旅行时间则为5～6小时，与飞机相当。

高速铁路的安全性比较高。由于在全封闭环境中自动化运行，又有一系列完善的安全保障系统，所以其安全程度是任何交通工具无法比拟的。

此外，高速铁路还有载客量高、输送能力大、正点率高、舒适方便、能源消耗低等特点。

生物技术的巨大进步

“第二次绿色革命”——杂交水稻

20世纪六七十年代，美国科学家布劳格等人在墨西哥选育成功一批矮秆高产小麦品种，使小麦亩产由50千克提高到251千克，被誉为是一次“绿色革命”。

我国著名杂交水稻育种专家袁隆平，经过几十年的探索，提出通过选育水稻雄性不育系、雄性不育保持系和雄性不育回复系三种途径进行水稻杂交，打破了水稻无杂交优势的传统观念。

杂交水稻1975年试种成功后，种植面积迅速扩大。美国科学家证明，这种水稻比当时美国水稻良种增产165.5%和180.8%，亩产750千克左右。杂交水稻大大提高了中国和世界的水稻产量，实现了“第二次绿色革命”。

转基因与克隆技术研究

转基因动物被人们称为“活性生物反应器”，它按照人类的需要产生，具有很高的实用价值。中国转基因技术在家畜及鱼类育种上初见成效。

20世纪60年代，中国科学家便着手克隆技术的研究工作。1963年，著名生物学家对鱼类作了大量的细胞核移植的实验工作。1990年西北农业大学首次完成世界上第一例克隆山羊。然后中国相继完成羊、猪、牛、兔、鼠五种动物的克隆工作。1998年2月，中国转基因羊研究取得了重大突破，获得5只与人凝血第九因子基因整合的转基因山羊。1999年3月，上海遗传医学研究所成功培育出中国第一头转基因试管牛。

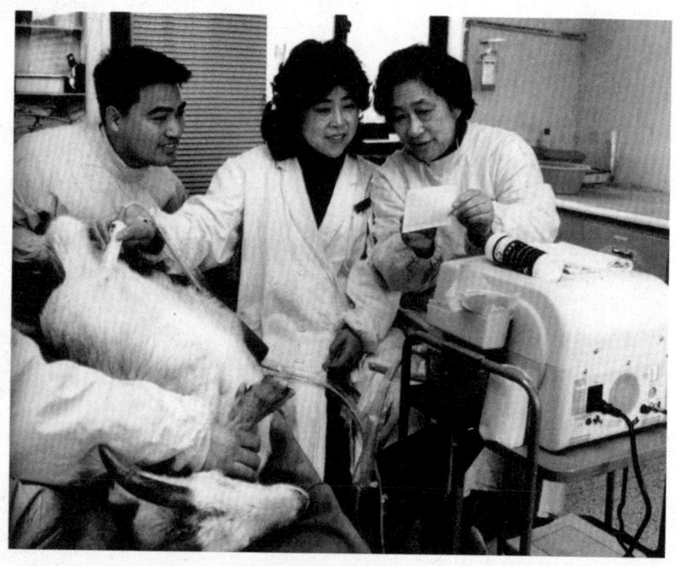

▲ 中国科学家转基因羊试验成功

科技是没有国界的，展望未来的科技前景，让人无比振奋。

奇趣科技

高科技展望

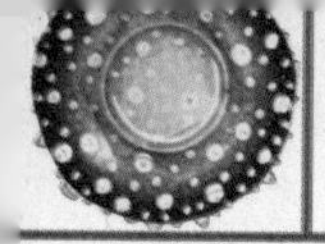

神经电脑

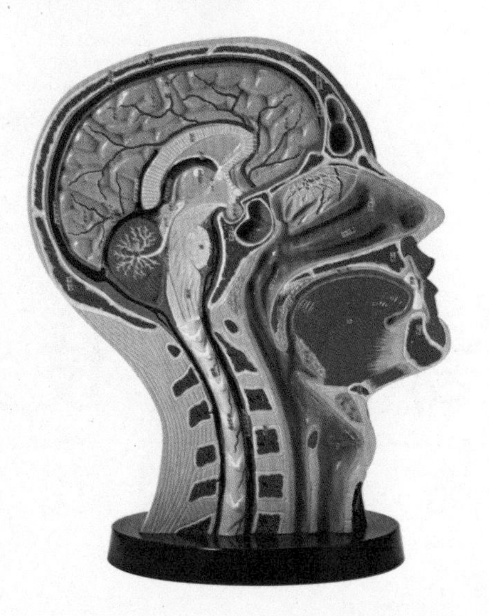

人脑具有140亿个神经元和10亿多个神经节，这些神经组织交叉相连，具有脑无法比拟的功能：智能。虽然目前关于人类脑神经网络的工作原理还不十分清楚，但是采用仿生技术，模仿人脑的神经网络电脑，已经显示出广阔的前景。这种电脑就是神经电脑。

神经电脑采用微处理器来模仿人类的神经元结构，用大量的并行的分布式网络，使许多微处理器同时工作，就像人类的神经网络一样，大大提高了神经电脑的信息处理速度和智能水平。

未来神经电脑将能听懂人类语言、辨认事物、具有学习能力，能更好地服务于人类。

未来的电脑——光脑

光脑与目前使用的电脑最大的不同是，光脑是靠激光束进入反射镜和透镜组成的阵列中枢来处理信息的。也就是说，光脑是采用激光作为其信息处理载体的新型计算机。

普通计算机中的发热、干扰等缺陷，在光脑中可完全避免。计算机的功率取决组成部件的速度及其排列密度，而激光在这两方面的优点都很突出。激光对信息的处理速度是现有计算机半导体处理速度的1000倍，激光不需要导线，而且不会相互干扰，使光脑可以在极小的空间之内开辟很多平行的信息通道。

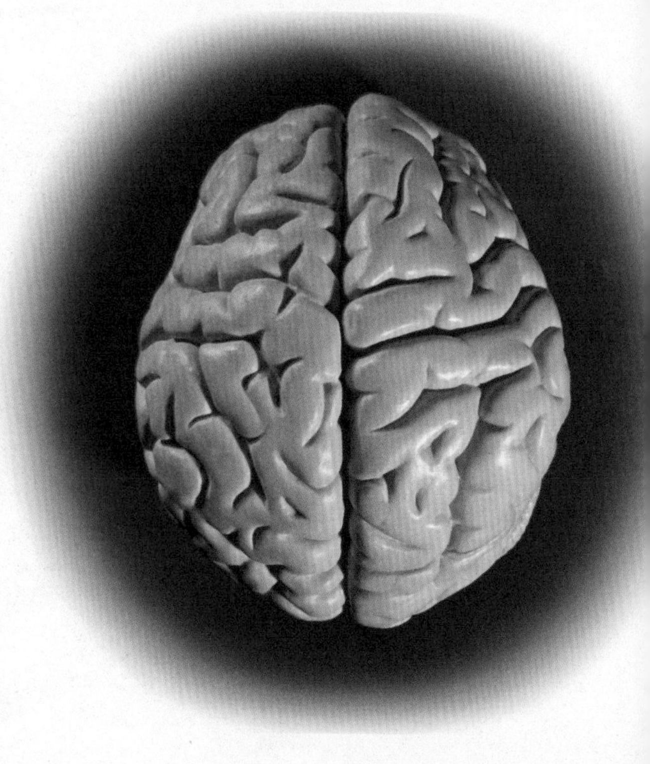

光脑制造的关键技术如光存储、光链、光电子集成电路等方面，目前都已经有很大的突破，未来的光脑将是计算机技术的一大飞跃。

植入人体内的电脑——芯片移植

人脑在智力方面非常优秀，但是在记忆等方面却比不上电脑，移植在人脑内的芯片可以储存大量的信息，弥补人脑的不足，只要把知识芯片植入大脑，立刻就拥有了渊博的知识。此外，芯片移植还可以帮助残疾人康复，修复受损的神经系统，因此瘫痪病人可以获取行走的能力，盲人能恢复视觉等。

目前，科学家已经掌握了电脑芯片与人脑神经末端融合的方法。他们可以将芯片移植到人脑内部，通过神经束，芯片与人脑产生相互联系。芯片不仅可以听从大脑的指挥进行工作，而且也可以与外界的电脑系统通信，移植在人脑内的芯片就像一座桥梁，使人脑与电脑息息相通，它将成为人体不可缺少的一个部分，使人类变得更加聪明。

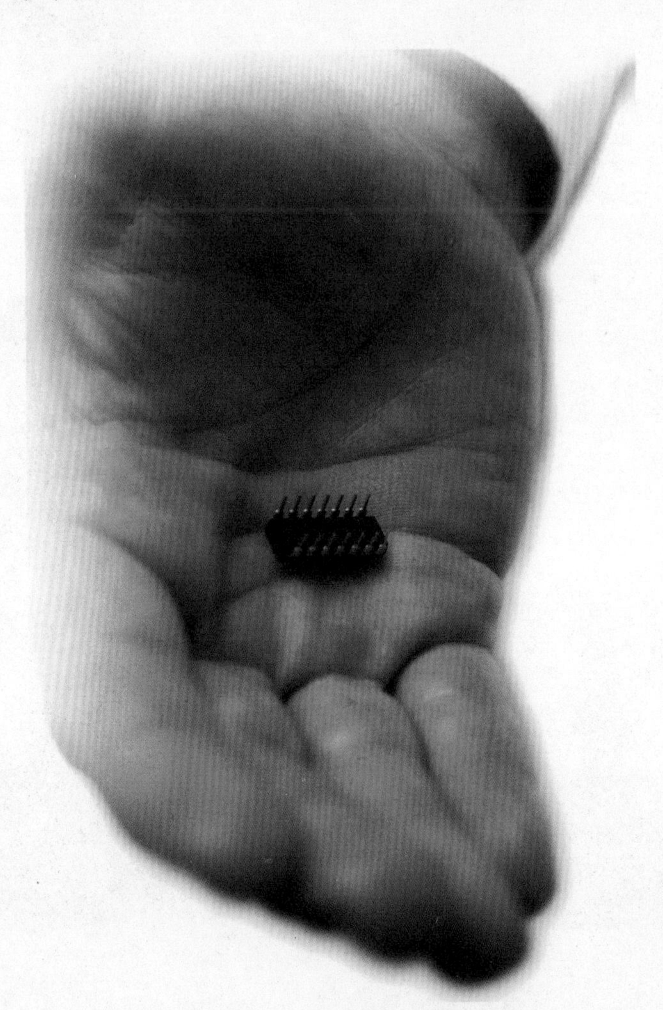

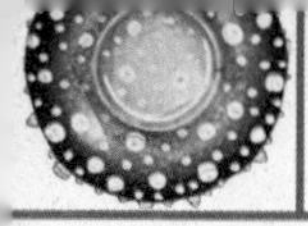

未来的工业机器人

随着机器人技术的向前发展，未来的工业机器人的功能与人的要求也越来越近。未来机器人可以识别物体的颜色、结构及形状，可以直接听懂人类的口头命令，能直接与人交谈、交换信息。

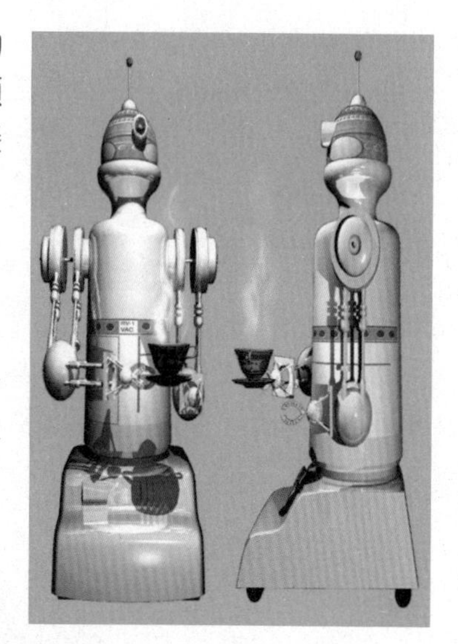

未来工业机器人将能很“自由”地行走，像人一样，根据外界条件和工作任务的需要，自己决定行走路线，目前的机器人只能按指定路线行走。未来的机器人遇到障碍物时，会判断障碍物是否也在移动，并选择最快的方式越过障碍物，基本上与人类的反应和行动一样。

未来的工业机器人的另一个发展方向是微型化，这些机器人能够爬到飞机的发动机里，爬进煤气、自来水管道、通信电缆中去，完成检修工作。

蛇型机器人 ▶

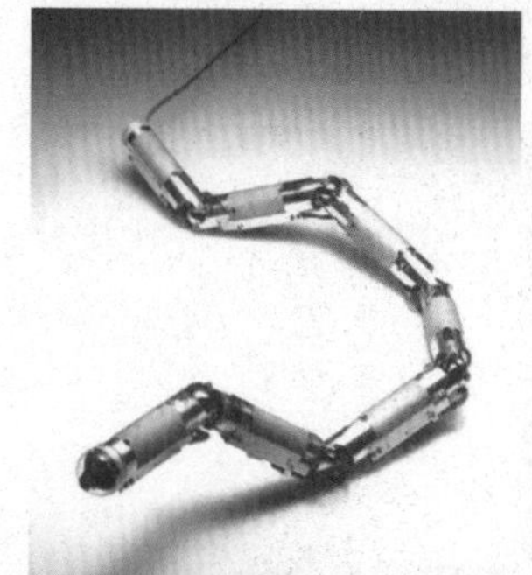

▲ 汽车生产线上工作的机器人

▲ 中国第一台类人型机器人

未来的服务机器人

未来的服务机器人从外形到功能都将更加类似于人，以更好地为人类服务。未来的服务机器人具有很高的智力，能看、听、说、走路，手脚灵活，是高级的智能机器人。它能对气温做出像人一样的反应。当主人情绪低落时，机器人除了很好地完成主人吩咐的任务外，还能说些安慰、劝解主人的话，而且还能显示出同情、关心和鼓励的表情来。

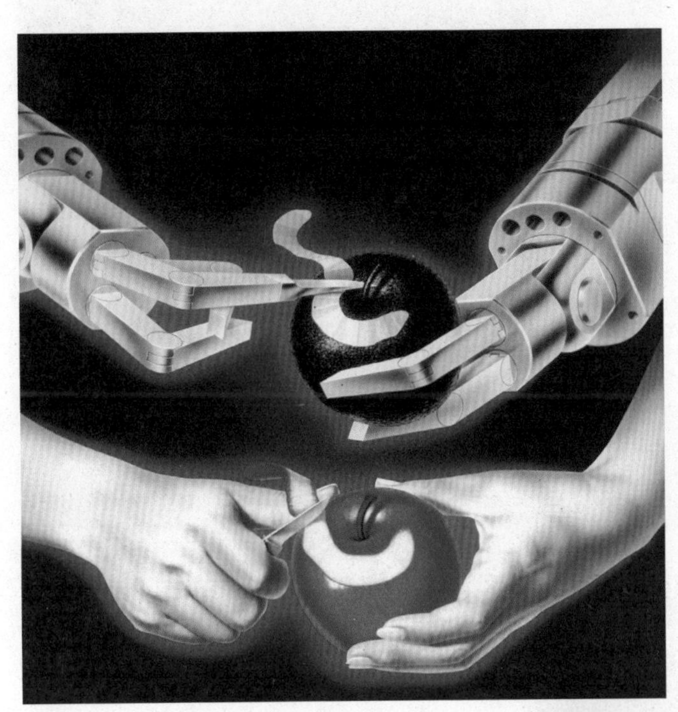

20世纪80年代中期的某一天，在美国加利福尼亚州的一个警察局里，值班警察正在计算机房里翻阅刑事档案，突然一个机器人失去了理智，发疯地不停打印逮捕令，通报各地逮捕无辜平民。对这一“精神失常”的机器人，这名警察不得不拔出手枪，将其击“毙”，以免它再继续做出危害人的活动。

未来的智能机器人

智能机器人的发展是和人工智能的研究与发展分不开的。机器人的智能越来越向人类靠拢，在运算速度和准确度、记忆能力、感觉和反应能力方面甚至可以超过人。机器人不但能完成各种任务，而且还能表现出各种各样的人类感情。有人预言，未来的机器人可能会在社会上形成犯罪，甚至会造成对人类的更大的威胁。

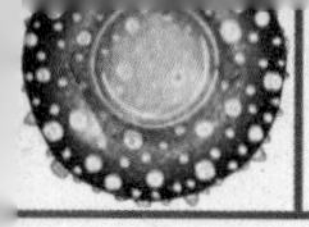

建设太空家园

未来太空城

1969年美国普林斯顿大学教授奥尼尔提出在月球绕地球运行轨道的平衡点建立空间居住点， 每个居住点可容纳1000万左右的人口，在居住点上建造人工地心引力和生态环境。后来又有美国斯坦福大学设计的轮胎形太空船和美国普林斯顿大学设计的伞形太空城，这两种太空城都是密闭的空间，可以旋转，有和地球一样的人造重力，又有农业区和适合人类生存的生态环境。

当然，人类要实现这一设想并非轻而易举的事，科学家正在设计制造之中的空间站，便是太空城的一个雏形。1971年，苏联发射了第一座空间站“礼炮一号”。后来又发射了“和平号”空间站，它有多个对接口，可与多个航天器对接。目前最大的空间站是国际空间站，它的居住舱有1200立方米。中国也在建立自己的空间站。2011年9月发射成功的“天宫一号”实验室就是中国空间站的起点。

月球移民工程

进入21世纪，地球面临着人口高速膨胀，土地和各种资源日益匮乏等种种危机，要解决这种危机的一个重要途径就是向太空移民。月球是离地球最近的天体，与地球的距离仅为38万千米，便于通信联系和控制作业。人类要向无限的空间挑战，就必须首先在月球安家，因而兴建永久性的月球基地成为21世纪的诱人工程。

美国计划于2020年开始建立月球基地，进行地球人小规模短期移民。这个计划将分段进行。第一步是发射月球轨道探测器，拍摄大量高清晰度的月球地图，并且寻找最佳登月地点、液态水等资源。第二步是向月球发射一台无人登陆车，寻找适合宇航员未来着陆的平坦场地。到2020年把第一批宇航员送上月球，在月球上建立永久基地。

▲ 这是月球移民工程的想象图，这样的地方是真正的“世外桃源”，充满神秘韵味

未来的火星家园

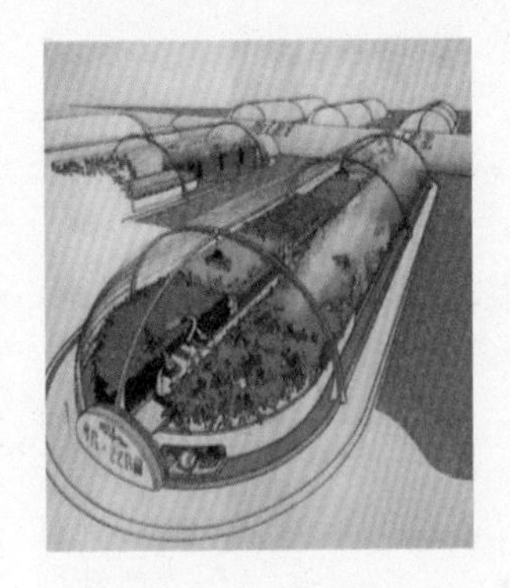

▲ 科学家设想未来可以在火星上建立农场，生产可供人类食用的农作物

火星是地球的近邻，它和地球有许多相似的地方，有四季更替和大气层，也有各种天气变化，不过质量比地球小，温度也比地球低。火星上是否存在生命的问题仍然没有确切的定论。目前，美国宇航局和欧洲航天局联合火星探测项目正在进行。美国的火星协会制定出一套详细的改造火星计划，也许火星可以成为第二个地球。

▶这是美国宇航局『海盗』号环绕器拍摄的火星全球照片。图中可以清晰地看到巨大的『水手谷』。水手谷长约4000千米，深度约8千米

◀ 改造火星的生态，以使它适宜地球人类居住，首先必须在火星上建立永久性的基地站，逐步改造生态环境。要达到如图所示的程度，人类还需要若干年不懈的努力

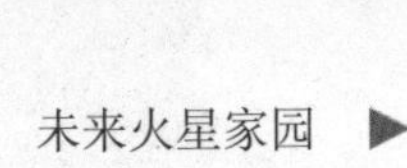

未来火星家园 ▶

火星工程的首要目的是把火星环境地球化，科学家们计划用巨大的蛛网状薄膜聚镜使火星两极的水冰和干冰融化、蒸发，增加大气中的二氧化碳和温室效应，使火星上有雨水降落，科学家们还计划在火星上大量繁殖某些植物，以增加大气中的氧含量。

当人类把火星改造得和地球一样时，人类移居火星的梦想就可变成现实。

未来的交通工具

高速自行车

高速自行车与传统自行车的结构完全不同。它的外部用轻质的塑料风罩包起来，使自行车具有流线型的外形。科学家实验得出，把这种自行车放到流线型的车罩里，可以使车行驶的阻力减少一半，于是速度也会提高一倍。高速自行车的车座也与传统自行车不同，高速自行车的车座安装在与脚蹬等高的平面上，让人像半躺着一样踩脚蹬，这样的话，在脚蹬上不需格外用力，也能把时速提高到40千米。高速自行车可设计成像儿童车一样，具有三或四个轮子，使车辆的稳性更好。

▲ 轻复合材料制造的流线型赛车

美国一位宇航科学家曾与人合作设计出一种“维克多”的高速自行车，可乘坐二人，最高时速达150千米，轮胎内填充着弹性良好的发泡材料，缓冲的车座向上倾斜，外形光滑呈流线型，人们骑着这种自行车，不用消耗能源，而且舒适、安全，像乘小轿车一样疾驶如飞。

太阳能汽车

太阳能汽车是靠太阳能电池驱动的汽车。太阳光照在汽车顶上的太阳能电池上，被太阳能电池转化成电能。转化成的电能直接驱动汽车行驶，如电能有剩余，可以在汽车行驶过程中自动流向车上的蓄电池。这样能更有效利用资源，延长太阳能汽车的行驶能力。太阳能汽车最高时速达200千米，可连续行驶约400千米。

▲ 在沙漠地带的高速公路上行驶的太阳能赛车

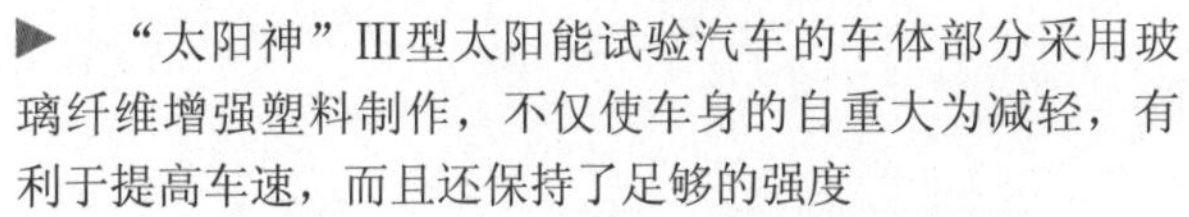

► “太阳神”Ⅲ型太阳能试验汽车的车体部分采用玻璃纤维增强塑料制作，不仅使车身的自重大为减轻，有利于提高车速，而且还保持了足够的强度

◄ 可自动驾驶的智能汽车设想图，汽车的头部装有一部监视路况的摄像机

由于太阳能汽车不用燃烧汽油，没有任何废气污染，所以它是非常有发展前途的汽车。很多国家目前都有自己研制的太阳能汽车。中国的第一辆太阳能汽车是1984年在武汉研制成功的“太阳”号，这辆太阳能汽车在不使用任何燃料的情况下，时速可达20千米，连续行驶100余千米。

以太阳能电池为动力源的赛车 ►

电磁炮子弹列车

与磁悬浮列车不同，电磁炮子弹列车不需要装备有电磁线圈的特殊路轨。它在机头内装有一组由车上的气体涡轮引擎提供能量的电磁驱动线圈，埋藏在传统路轨间或沿路轨旁边建成的一种反作用极板，配合着线圈驱动列车行驶。因为在传统的铁路上就可以重建，所以这种列车比磁悬浮列车的成本要低。美国桑迪亚国家实验室已经研制了电磁炮子弹列车，它能以时速321千米的速度在现有的路轨上行驶。

▲ 正在研究和试验的美国地下真空超音速磁浮列车“行星”号列车的想象图

◀ 高速列车的想象图

氢燃料汽车

由于氢燃烧汽车可以减少能源消耗，没有污染，它必将成为汽车家族中的新星。世界各大国家都在致力于研究氢燃料汽车。

▲ 日本东北电力株式会社开发研制出来的以氢燃料电池为动力源的小型汽车

1965年，国外的科学家们就已设计出了氢燃料汽车。中国也在1980年成功地造出了第一辆氢燃料汽车，可乘坐12人，贮存氢材料90千克。2008年，本田汽车公司开始投产首批氢能燃料电池汽车。

单人飞行器

单人飞行器没有翅膀，只有圆形的身子，却能以很快的速度持续飞行，有人把这种单人飞行平台称为“火箭人”。单人飞行器上装有一台微型的涡轮风扇发动机，只有60多厘米长，能够产生稳定的推力，就像一种导弹涡轮发动机一样。人在飞行器内可以像开汽车一样来操纵它。右边是油门杆，左边是驾驶杆，驾驶者可以轻松地调整飞行器飞行的高度、速度以及方向。在单人飞行器上方的分隔间里，有一具急救伞，在发生危急情况的时候，它就会弹出打开。

由于单人飞行器外形简单，结构轻巧，它可以在20米以上的空中飞行，在树木之间穿行，或靠近其他普通直升飞机不能靠近的地方。目前研制的单人飞行器主要用在侦察、单兵突击等军事项目上，将来还用在营救、观光等民用方面。

◀ 科幻漫画家笔下的单人飞行器

空天飞机

空天飞机可以像普通飞机一样水平起飞，以时速16万千米的速度在大气层内飞行，它可以通过加速进入地球轨道，成为航天飞机。它返航着陆时，又和普通飞机一样，因此人们称它为空天飞机。

空天飞机里安装了三种发动机：空气涡轮发动机、冲压发动机、火箭发动机。飞机起飞时用空气涡轮发动机；时速超过2400千米时就要用冲压发动机；像航天飞机一样进入太空时，用火箭发动机。空天飞机的制造材料要求很高，在飞行时，机身最高温度可达2760℃，航天飞机上的防热瓦块式外衣也难以适应，于是科学家们研制了一种新型的复合材料来代替，在特殊部位采用特殊的冷却装置，以避免高温伤害。

▲ 空天飞机运输费用是航天飞机的10%，而且不需要规模庞大的航天发射场。人们可以乘坐空天飞机进行太空旅行，或进行洲际旅行

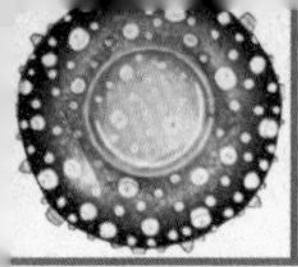

未来的生活用品

自行控温的空调服

如果人穿上这种空调服从温暖的南方走向寒冷的北国，一路上这种衣服能随着气温的变化而自动调节温度，让人感觉特别舒适，而且轻便。

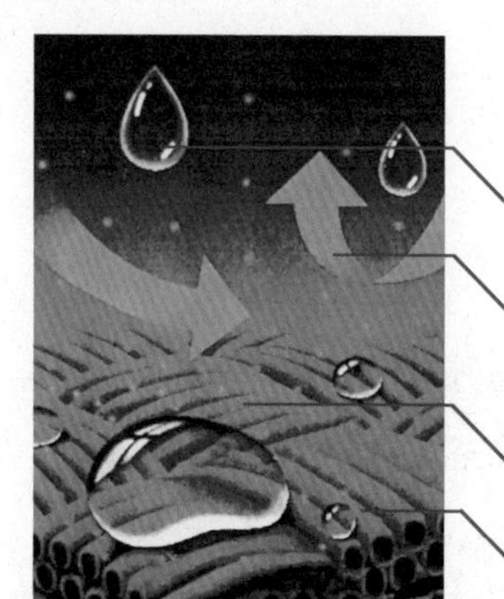

这种可将温度控制在一定范围的轻便服装是由特殊处理的衣料做成，一种是电子式的，另一种是晶体纤维式的。电子式的空调服的衣料内编织有冷却、电热和通风的材料，并有许多微细的传感器，感受与记录人体皮肤温度。在衣服发现偏离了人体感到舒适的温度时，就自动调节温度。

晶体纤维式空调服是用两种特殊化合物处理过的纤维制成的，这两种化合物叫作塑性晶体化合物，它们会随着外界温度的变化而改变自己的方式，因此用这两种纤维做成的衣料能贮存和释放热量。科学家们已经在多孔纤维里应用了这两种晶体，还用来涂抹在棉花纤维的表层，制成冬暖夏凉的空调服。

新型电视机

随着电子科技的发展，科学家们又研制出许多造型别致、性能优良的新型电视机，受到了人们的青睐。

现代的电视机与传统的比更加轻薄，可以像一幅画一样挂在墙面上，还可以当作电脑显示器。可以提供更大的画面，夏普公司已推出了108英寸的液晶电视机。

美国制造出一种眼镜式电视机，它的外形与普通眼镜的外形相似。平时可以用作眼镜，想看电视时，只要操纵按纽，就可以看到想看的节目。这时它类似于全息照相机镜头，画面具有立体效果和一定景深，与一般看电视距离相当，因此没有必要担心会伤害眼睛。

新型洗衣机

我们知道，水中机械进行旋转时，会不断地产生水泡，并不断地破裂，这样会产生一种冲击力，这就是“气蚀原理”。日本人首先利用超声波在洗衣缸中产生大量气泡来代替洗衣粉把衣物洗干净。还有一种衣洗机利用在真空中水沸腾的原理制造，水沸腾产生的气泡会把衣物上的污渍洗掉，并浮在表面上，在离心力的作用下，污渍被抛在壁上，然后进入泄水孔和过滤器。

德国人发明了一种“球式洗衣机”。洗衣时把衣服放进温水中，然后放网球般大小的洗衣球。这种洗衣球产生相当于次声频率的电流，使污渍分子振动而脱离衣物，5分钟以后，任何织物的衣服都会被漂洗得干干净净。

未来鞋类

一个人一生中所走的路程，相当于绕地球10圈，未来的鞋能够进一步满足人们的行走需求，鞋类世界更加丰富多彩。

音乐鞋

适合儿童穿，鞋底部装有电路板、电池、音量调节器等，鞋四周装有琴键，孩子们穿上它，行走、跳跃时就会响起悦耳的音乐。

高速鞋

这种鞋里有小型发电机，能带动鞋底的胶轮滚动，或带动鞋跟里的压气机，利用气流反作用力把人推向前进。这种鞋可使人行走时速达100千米。

行水鞋

这种鞋如木制的雪橇，脚放在正中央，鞋底部有排水的推进器，穿上这种鞋，在保持身体平衡的前提下，过江过河都如履平地。

弹簧鞋

人脚本身就是一种特殊的"弹簧"，为增加这种功效，研制人员在鞋跟加上弹性滞后材料或可充气的气囊，使鞋产生缓冲震动的作用，有助于发挥脚的弹跳，将来会有老年人、旅行者等不同层次的人穿上这种鞋。